分かりやすいワード
&エクセル2010

易学易懂Word
和Excel 2010

主 编 张 静
副主编 [日]今田宽典
[日]松尾俊彦

大连理工大学出版社

图书在版编目(CIP)数据

易学易懂 Word 和 Excel2010：日文 / 张静主编. —
大连：大连理工大学出版社，2020.5(2024.1重印)
ISBN 978-7-5685-2518-3

Ⅰ．①易… Ⅱ．①张… Ⅲ．①办公自动化－应用软件
－教材－日文 Ⅳ．①TP317.1

中国版本图书馆 CIP 数据核字(2020)第 051020 号

大连理工大学出版社出版
地址：大连市软件园路 80 号　邮政编码：116023
发行：0411-84708842　邮购：0411-84708943　传真：0411-84701466
E-mail：dutp@dutp.cn　URL：https://www.dutp.cn
北京虎彩文化传播有限公司印刷　　　　大连理工大学出版社发行

幅面尺寸：185mm×260mm　　　印张：18.75　　　字数：433 千字
2020 年 5 月第 1 版　　　　　　　　2024 年 1 月第 2 次印刷

责任编辑：楼　霈　　　　　　　　　　　责任校对：海迎新
封面设计：张　莹

ISBN 978-7-5685-2518-3　　　　　　　　　　定　价：52.00 元

在信息技术飞速发展的今天，计算机作为数字化、网络化和智能化的基础，已经成为人们生产、生活中的一种必备工具。以计算机为核心的信息技术应用能力也成为衡量当代大学生综合素养的重要指标之一，熟练掌握计算机基本操作以及在应用计算机过程中形成信息化思维意识，有助于满足社会就业需要、专业需要与创新创业创造人才培养的需要。

编者广泛调研日语专业毕业生就业岗位对计算机应用能力的需求，结合我国高等教育课程标准和教学改革模式，将教学过程与工作过程相结合，编写了本教材。同时根据教材教学内容和育人目标，结合教材主题有机融入了党的二十大报告的相关内容，加快推进党的二十大精神进教材、进课堂、进头脑。

教材内容

本教材全日文编写，以日文 Windows 操作系统为平台，紧密围绕未来就业岗位需求设计，采用理实一体化教学，着重培养学生的实际应用能力。本书由两部分组成：1.**纸介质教材**；2.**网络平台资源**。

1.**纸介质教材**内容紧扣日文计算机应用的基本知识和基本技能，共七章，各章以课题形式开展编写，七个课题为：日文 Word 2010 软件中与文章构成相关的编辑功能，提高文章表现力的图表功能，长篇文章的制作及相关设定方法，日文 Excel 2010 软件中的数式及函数的使用方法，数据库的处理，图像的作成，Excel 2010 的操作技巧。

每个课题由任务目标、具体技巧、注意点、拓展知识、工作任务、练习题等模块构成。图文并茂，内容选材来源于涉外企业的一手案例，贴近实际工作岗位，体现实用性、应用性、职业性和趣味性。

2.**网络平台资源**与纸介质教材相配套，内容汇集教学过程中所需要的案例、每个课题

配套的习题，以及为提高学生的实践能力而设计的 22 套综合练习。结合第一课堂教学，以第二课堂为依托，为学生搭建能够开展形式多样的实践活动的自主学习平台，同时也为教师提供有效的教学支持。

通过本教材的学习，学生掌握 Word 2010 及 Excel 2010 的常用专业用语，具备日文办公室软件的基本操作能力，适应就业初始岗位的工作需求。

教材特色

1. 全日文编写，实现了语言学习与技能学习的统一。涉日业务大多在日文环境下进行，使用全日文的教材可帮助学生尽快熟悉真实的工作状态，提高工作效率。

2. 突出"理实一体化"和"教学做相结合"的特点。本书图文并茂、简单易懂，巧妙地将知识点融入任务操作之中，使学生通过完成任务来深化对知识的理解与应用。

3. 校企共同开发，将教学过程与工作过程相结合，强调以典型工作任务为知识载体。

4. 配套教学资源充实。本教材配有网络平台资源、精美实用的电子课件、教学设计书和电子版教参等，为各位同仁提供关于教材使用的方向性建议，为教师的教学活动提供具体有效的辅助参考。二维码资源包分享必要的学习知识，包括课中"工作任务"的指导和课后"练习题"的完成步骤、参考答案等。实现线上线下、课内课外有机结合，提高学习效果和学生自主学习能力。

本教材的编写队伍由长期从事日文计算机基础教学与实践工作的一线教师和日籍大学教师组成，并且获得了企业专业技术人员的友情协助和指导，在此表示感谢。

本教材是高校、高职高专日语专业学生和计算机专业学生，以及在职专业人员学习计算机专业日语的理想教材，也是涉外企业的计算机专业技术人员的参考书。

在此教材的编写过程中，我们竭尽所能地将最好的内容呈现给读者，但由于作者水平有限，难免有疏漏和不妥之处，敬请广大同行、读者不吝指正。

编　者

所有意见和建议请发往：dutpwy@163.com

欢迎访问教材服务网站：https://www.dutp.cn/fle/

联系电话：0411-84707604　84706231

目录

第1章　文書の編集 /1

1.1　作成する文書を確認する ……………………………………………… 2

1.2　いろいろな書式を設定する ……………………………………………… 3

1.3　段組みを設定する ………………………………………………………… 22

1.4　ページ番号を挿入する …………………………………………………… 26

1.5　文書を保護する …………………………………………………………… 27

1.6　ファイル形式を指定して保存する ……………………………………… 31

1.7　練習問題 …………………………………………………………………… 33

第2章　表現力をアップする機能/37

2.1　作成する文書を確認する ………………………………………………… 38

2.2　ワードアートを挿入する ………………………………………………… 39

2.3　図を挿入する ……………………………………………………………… 46

2.4　図形を作成する …………………………………………………………… 49

2.5　クリップアートを挿入する ……………………………………………… 58

2.6　ページ罫線を設定する …………………………………………………… 62

2.7　練習問題 …………………………………………………………………… 64

第3章　長文の作成/67

3.1　作成する文書を確認する ………………………………………………… 68

3.2　見出しを設定する ………………………………………………………… 69

3.3　文書の構成を変更する …………………………………………………… 75

3.4　スタイルを適用する ……………………………………………………… 80

3.5　アウトライン番号を設定する …………………………………………… 85

3.6　図表番号を挿入する ……………………………………………………… 88

3.7　表紙を作成する …………………………………………………………… 90

3.8　ヘッダーとフッターを作成する ………………………………………… 95

3.9　目次を作成する …………………………………………………………… 103

3.10　練習問題…………………………………………………………………… 107

第4章　数式や関数の利用/111

4.1　作成するブックの確認 …………………………………………………… 112

4.2　関数の概要 ………………………………………………………………… 114

4.3　いろいろな関数を利用する ……………………………………………… 122

4.4　相対参照と絶対参照 ……………………………………………………… 131

4.5　関数の活用 ………………………………………………………………… 136

4.6　練習問題 …………………………………………………………………… 162

第5章　データベースの利用/165

5.1　操作するデータベースを確認する ……………………………………… 166

5.2　データベース機能の概要 ………………………………………………… 168

5.3　データを並べ替える ……………………………………………………… 171

5.4　データを抽出する ………………………………………………………… 181

5.5　ウィンドウ枠の固定 ……………………………………………………… 191

5.6　データを集計する ………………………………………………………… 193

5.7　表をテーブルに変換する ………………………………………………… 199

5.8　練習問題 …………………………………………………………………… 209

第6章　グラフの作成/213

6.1　作成するグラフを確認する ……………………………………………… 214

6.2　グラフ機能の概要 ………………………………………………………… 216

6.3　円グラフを作成する ……………………………………………………… 217

6.4　棒グラフを作成する ……………………………………………………… 228

6.5　複合グラフを作成する …………………………………………………… 239

6.6　スパークラインを作成する ……………………………………………… 255

6.7　練習問題 ……………………………………………………………… 262

第7章　Excel 2010を使いやすくする/263

7.1　シートを追加・削除する ………………………………………… 264

7.2　シートの見出しや色を変更する ………………………………… 266

7.3　シートを移動・コピーする ……………………………………… 269

7.4　シートを別のブックに移動・コピーする ……………………… 271

7.5　起動時のシートの枚数を変更する ……………………………… 273

7.6　画面を分割して見やすくする …………………………………… 274

7.7　複数の画面を見やすく並べる …………………………………… 276

7.8　ブック間で集計する ……………………………………………… 281

7.9　データを統合する ………………………………………………… 288

7.10　練習問題……………………………………………………………… 292

第1章
文書の編集

この章では、均等割り付け、ルビ、タブとリーダーなど文字の書式設定や、改ページ、段組みなど、文書の構成に関する応用的な編集機能を解説します。

毎章一語

雨垂れ石を穿つ
意味：どんな小さな力でも辛抱強く努力すれば、いつかは必ず成功というたとえ。
注釈：軒下から落ちるわずかな垂れでも長い間同じ所に落ち続ければ、硬い石に穴をあけてしまうの意から。「点滴石を穿つ」とも言う。
出典：『漢書』
英語：Constant dripping wears away the stone.
類語：石に立つ矢 / 水滴石を穿つ

次のような文書を作成しましょう。

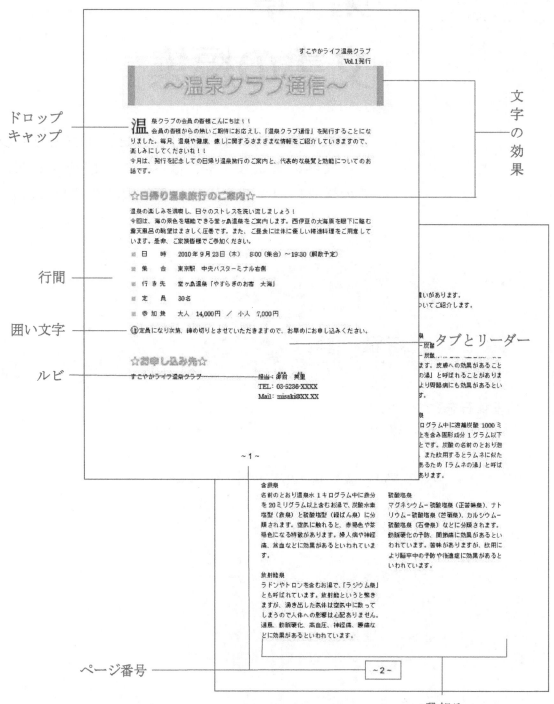

ドロップ
キャップ

文字の効果

行間

囲い文字

ルビ

タブとリーダー

ページ番号

段組み

1.2 いろいろな書式を設定する

1.2.1 文字の均等割り付け

　文書の中の文字に対して、「均等割り付け」を使うと、指定した文字数の幅に合わせて文字が均等に配置されます。文字数は、入力した文字数よりも狭い幅に設定することもできます。

　1ページ目の箇条書きの項目名を4字分の幅に均等割り付けましょう。

 フォルダー「第1章」の文書「第1章　文書の編集」を開いておきましょう。

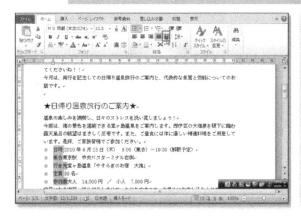

均等に割り付ける文字を選択します。

① 「日時」を選択します。

② Ctrl を押しながら、「集合」「行き先」「定員」「参加費」を選択します。

③ホームタブを選択します。

④段落グループの ▤ （均等割り付け）をクリックします。

文字の均等割り付けダイアログボックスが表示されます。

⑤新しい文字列の幅（T）を4字に設定します。

⑥ OK をクリックします。

文字が4字分の幅に均等割り付けられます。

Point 1　　　　　　均等割り付けの操作の繰り返し

　文章を複数箇所に均等割り付けを設定するときは、あらかじめ複数の範囲を選択してから均等割り付けを実行すると、一度に設定できます。

　表のセル内の均等割り付けとは異なり、文章中の文字の均等割り付けでは、 F4 で直前に実行したコマンドを繰り返すことができません。

Point 2　　　　　　　均等割り付けの解除

　設定した均等割り付けを解除する方法は、次の通りです。

◆文字を選択➡「ホーム」タブ➡「段落」グループの 📖 （均等割り付け）➡「解除」

1.2.2 囲い文字

　「囲い文字」を使うと、「印」「秘」などのように、全角1文字または半角2文字分の文字を「○」や「△」などの記号で囲むことができます。

　「定員になり次第…」の前に注を挿入しましょう。

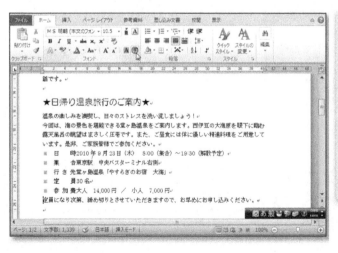

囲い文字を挿入する位置を指定します。

①「定員に…」の前にカーソルを移動します。

②ホームタブを選択します。

③フォントグループの 字 （囲い文字）をクリックします。

※入力済みの文字を囲い文字にする場合は、あらかじめ文字を選択してから、字 （囲い文字）をクリックします。

囲い文字ダイアログボックスが表示されます。

④スタイルの文字のサイズを合わせる(E)をクリックします。

⑤文字(T)の一覧から注を選択します。(一覧にない文字を入力することもできます。)

⑥囲い文字(○)の一覧から○を選択します。

⑦ OK をクリックします。

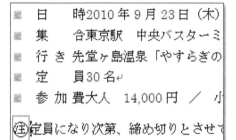

囲い文字が挿入されます。

　その他の文字装飾

参考1 「ホーム」タブで設定できる文字の装飾には、次のようなものがあります。

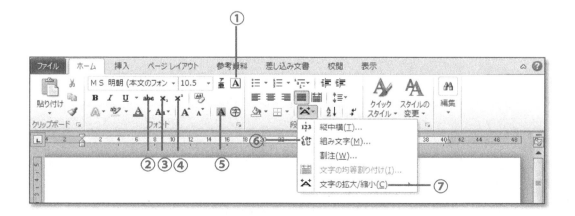

種類	説明	例
①囲み線	文字の周りを線で囲んで強調できます。	温泉クラフ
②取り消し線	文字の上に取り消し線を引くことができます。	~~¥5,000~~
③下付き	4分の1のサイズで文字を下側に表示できます。	CO_2
④上付き	4分の1のサイズで文字を上側に表示できます。	6^2
⑤文字の網掛け	文字にグレーの網をかけて強調できます。	温泉クラフ
⑥組み文字 (M)	6文字以内の文字を1文字分のサイズに組み込んで表示できます。	温泉 クラフ
⑦文字の拡大 / 縮小 (C)	文字の横幅を拡大したり縮小したりできます。	温泉クラフ

「フォント」ダイアログボックスを使った書式設定

参考 2

　「フォント」ダイアログボックスでは、フォントやフォントサイズ、太字、斜体、下線、文字飾りなど、文字に関する書式を一度に設定できます。また、リボンで表示されていない文字飾りなどの書式を設定することもできます。

　「フォント」ダイアログボックスを表示する方法は、次の通りです。

◆「ホーム」タブ➡「フォント」グループの ⌐

1.2.3 ルビ(ふりがな)

　「ルビ」を使うと、難しい読みの名前や地名などにルビを付けられます。

　「御前　英里」に「みさき　えり」とルビを付けましょう。また、ルビは姓と名のそれ
ぞれの文字に中央に配置されるように設定しましょう。

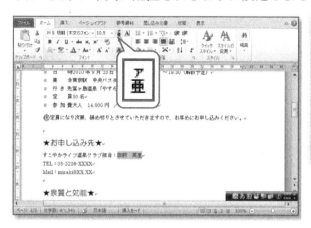

ルビを付ける文字を選択します。
①「御前　英里」を選択します。
②ホームタブを選択します。
③フォントグループの　ア亜　（ルビ）
をクリックします。

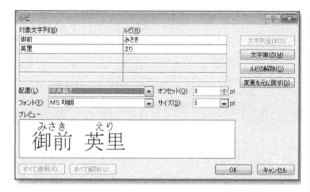

ルビダイアログボックスが表示されます。
④「御前」のルビ（R）を「みさき」に修正します。
⑤「英里」のルビ（R）を「えり」に修正します。
⑥配置（L）の　▼　をクリックし、一覧から中央揃えを選択します。
⑦設定した内容をプレビューで確認できます。
⑧　OK　をクリックします。

★お申し込み先★↵

すこやかライフ温泉クラブ担当：御前　英里
TEL：03-5236-XXXX↵
Mail：misaki@XX.XX↵

ルビが付けられます。

その他の方法（ルビの設定）

◆文字を選択➡ミニツールバーの 「アア亜」 （ルビ）

Point

ルビの解除

設定したルビを解除する方法は、次の通りです。

◆文字を選択➡「ホーム」タブ➡「フォント」グループの 「アア亜」 （ルビ）➡「ルビの解除」

1.2.4 文字の効果

「文字の効果」を使うと、影、光彩、反射などの視覚効果を設定して、文字を強調できます。

複数の効果を組み合わせたデザインが用意されており、選択するだけで簡単に文字を際立たせることができます。

「文字の効果」を設定しましょう。

見出し「★日帰り温泉旅行のご案内★」に文字の効果「塗りつぶし‐オレンジ。アクセント6、輪郭‐アクセント6、光彩‐アクセント6」を設定しましょう。

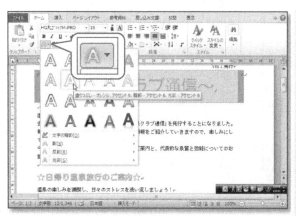

文字の効果を設定する文字を選択します。

①見出し「★日帰り温泉旅行のご案内★」を選択します。
②ホームタブを選択します。
③フォントグループの 「A▾」 （文字の効果）をクリックします。
④「塗りつぶし‐オレンジ。アクセント6、輪郭‐アクセント6、光彩‐アクセント6」をクリックします。

☆日帰り温泉旅行のご案内☆

見出しに文字の効果が設定されます。

文字の輪郭や影、光彩、反射などの効果を個別に設定できます。タイトル「～温泉クラブ通信～」に光彩を設定しましょう。 光彩の種類は、「オリーブ、8pt 光彩、アクセント 3」とします。

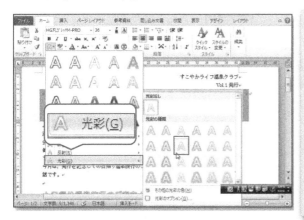

タイトル「～温泉クラブ通信～」を選択します。
①ホームタブを選択します。
②フォントグループの A・（文字の効果）をクリックします。
③光彩（G）をポイントします。
④光彩の種類の「オリーブ、8pt 光彩、アクセント 3」をクリックします。

～温泉クラブ通信～

文字の効果の光彩が設定されます。

1.2.5 書式のコピー / 貼り付け

🖌 （書式のコピー / 貼り付け）を使うと、文字や段落に設定されている書式を別の場所にコピーできます。同じ書式を複数の文字に設定するときに便利です。

「★日帰り温泉旅行のご案内★」に設定した書式を、「★お申込み先★」にコピーしましょう。

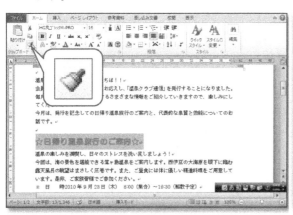

書式のコピー元の文字を選択します。
①「★日帰り温泉旅行のご案内★」を選択します。
②ホームタブを選択します。
③クリップボードの 🖌 （書式のコピー/貼り付け）をクリックします。

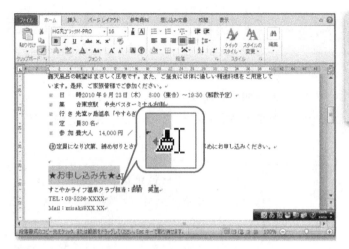

マウスポインターの形が に変わります。

④「★お申込み先★」をドラッグします。

書式がコピーされます。

Point

連続した書式のコピー／貼り付け

▨（書式のコピー／貼り付け）をダブルクリックすると、複数の範囲に連続して書式をコピーすることができます。ダブルクリックしたあと、コピー先の範囲を選択するごとに書式がコピーされます。

書式をコピーできる状態を解除するには、再度 ▨ をクリックするか、または Esc を押します。

その他の方法（書式のコピー／貼り付け）

参考

◆コピー元を選択➡ミニツールバーの ▨ （書式のコピー／貼り付け）➡コピー先を選択

1. 「★日帰り温泉旅行のご案内★」に設定した書式を「★泉質と効能★」にコピーしましょう。

2. 2ページ目の「単純温泉」の文字に次の書式を設定しましょう。

> フォント： HG 丸ゴシック M-PRO
>
> フォントサイズ： 12 ポイント
>
> 文字の効果：文字の輪郭　オリーブ、アクセント 3

3. 2 で設定した書式をすべての泉質名にコピーしましょう。

1.2.6 行間

　文書全体の行間隔は、「ページ設定」で設定できます。「行間」を使うと、文書内で部分的に行間隔を変更できます。

　箇条書きの段落の行間隔を現在の 1.5 倍に変更しましょう。

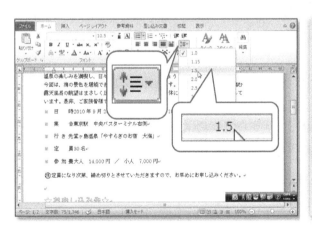

行間隔を変更する範囲を選択します。
①「日時…」で始まる行から「参加費…」で始まる行を選択します。
②ホームタブを選択します。
③段落グループの（行と段落の間隔）をクリックします。
④1.5をクリックします。

行間隔が変更されます

| 日　時2010 年 9 月 23 日（木）　8:00（集合）～19:30（解散予定）

集　合東京駅　中央バスターミナル右側

行 き 先堂ヶ島温泉「やすらぎのお宿　大海」

定　員30 名

参 加 費大人　14,000 円　／　小人　7,000 円

その他の方法（行間の設定）

参考

◆段落を選択➡「ホーム」タブ➡「段落」グループの ![行と段落の間隔] （行と段落の間隔）➡「行間のオプション」➡「インデントと行間隔」タブ➡「間隔」の「行間」を設定

◆段落を選択➡「ホーム」タブ➡「段落」グループの ![アイコン] ➡（インデントと行間隔）タブ➡「間隔」の「行間」を設定

Point
段落の前後の間隔を変更する

段落の行間だけではなく、段落の前後の間隔も設定できます。

段落の前後の間隔を変更する方法は、次の通りです。

◆段落内にカーソルを移動➡「ページレイアウト」タブ➡「段落」グループの ![0行] （前の間隔）または ![0行] （後の間隔）を設定

1.2.7 タブとリーダー

1.2.7.1 タブ

「タブ」を使うと、行内の特定の位置で文字をそろえることができます。文字をそろえるための基準となる位置を「タブ位置」といいます。そろえる文字の前にカーソルを移動して Tab を押すと、 → （タブ）が挿入され、文字をタブ位置にそろえることができます。

タブ位置には、次の2種類があります。

◆既定のタブ位置

既定のタブ位置は、初期の設定では左インデントから4字間隔に設定されます。水平ルーラーを表示すると、既定のタブ位置には灰色の小さな目盛りが表示されています。タブでそろえる文字の前にカーソルを移動し、 Tab を押すと、4字間隔で文字をそろえることができます。

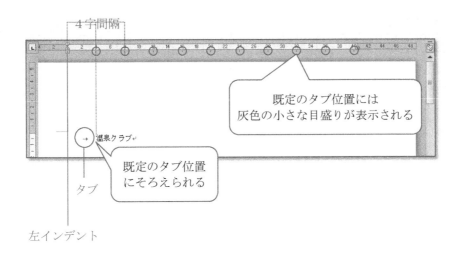

4字間隔

既定のタブ位置には
灰色の小さな目盛りが表示される

温泉クラブ

既定のタブ位置
にそろえられる

タブ

左インデント

◆任意のタブ位置

　任意のタブ位置は水平ルーラーをクリックして設定できます。設定した位置には、水平ルーラーに [L]（タブマーカー）が表示されます。

　あらかじめ、タブの種類と位置を設定しておき、タブをそろえる文字の前にカーソルを移動し、[Tab] を押すと、設定した位置で文字をそろえることができます。任意のタブ位置は、既定のタブ位置より優先されます。

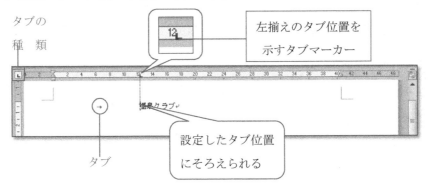

タブの
種類

左揃えのタブ位置を
示すタブマーカー

温泉クラブ

設定したタブ位置
にそろえられる

タブ

　タブマーカーを使用してタブ位置を設定するには、水平ルーラーを使います。ルーラーを表示しましょう。

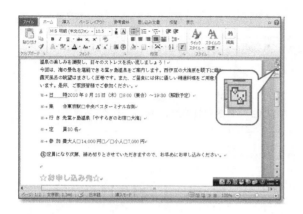

①ウィンドウ右端の （ルーラー）をクリックします。

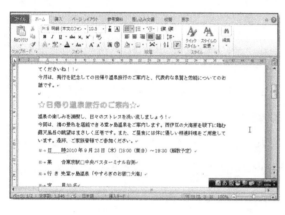

②ルーラーが表示されます。
※お使いの環境によって、ルーラーの目盛り間隔は異なります。

箇条書きの項目名の後ろにタブを挿入して、既定のタブ位置にそろえましょう。

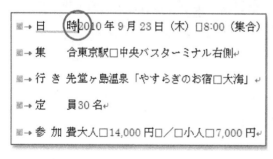

①「日時」の後ろにカーソルを移動します。

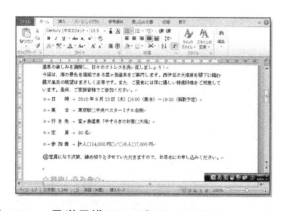

②Tab を押します。
→ が挿入され、既定のタブ位置（8字の位置）に文字がそろえられます。
③同様に、「集合」「行き先」「定員」「参加費」の後ろにタブを挿入します。

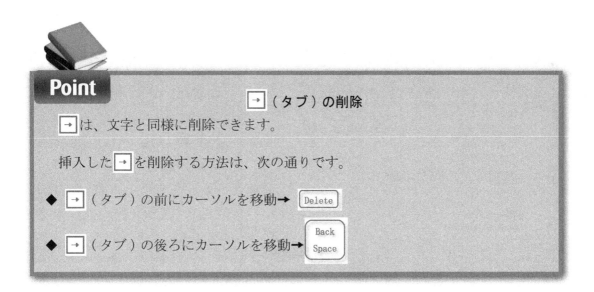

Point　→（タブ）の削除

→は、文字と同様に削除できます。

挿入した→を削除する方法は、次の通りです。

◆ →（タブ）の前にカーソルを移動➡ Delete

◆ →（タブ）の後ろにカーソルを移動➡ Back Space

次の文字を約22字の位置にそろえましょう。

担当：御前 英里
TEL ：03-5236-XXXX
Mail:misaki@XX.XX

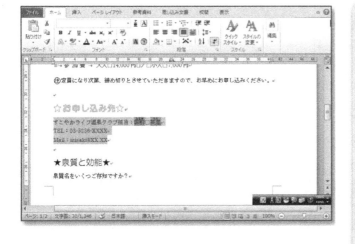

タブ位置を設定する段落を指定します。
①「すこやかライフ…」で始まる行から「Mail…」で始まる行を選択します。
②水平ルーラーの左端の、タブの種類が └ になっていることを確認します。
③水平ルーラーの約22字の位置をクリックします。

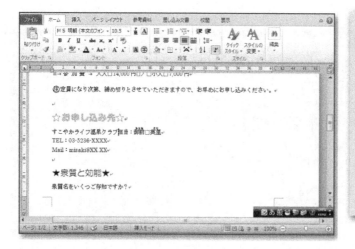

水平ルーラーのクリックした位置に （タブマーカー）が表示されます。

「担当：御前 英里」を設定したタブ位置にそろえます。

④「すこやかライフ温泉クラブ」の後ろにカーソルを移動します。

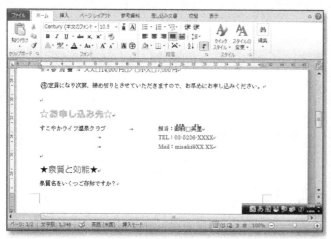

⑤ Tab を押します。

→ （タブ）が挿入され、左インデントから約22字の位置にそろえられます。

⑥同様に、「TEL：03-5236-XXXX」「Mail：misaki@XX.XX」の行の先頭に Tab を挿入します。

タブの種類

参考　水平ルーラーの左端にある をクリックすると、タブの種類を変更できます。

種類	説明
（左揃えタブ）	文字の左端をタブ位置にそろえます。
（中央揃えタブ）	文字の中央をタブ位置にそろえます。
（右揃えタブ）	文字の右端をタブ位置にそろえます。
（小数点揃えタブ）	数値の小数点をタブ位置にそろえます。
（縦棒揃えタブ）	縦棒のタブ位置にそろえます。

その他の方法（タブ位置の設定）

◆段落内にカーソルを移動➡「ホーム」タブ➡「段落」グループの
□➡「タブ設定」➡「タブ位置」に字数を入力➡「配置」を選択

Point　　　　　　　任意のタブ位置の変更・解除

　設定したタブ位置を変更するには、水平ルーラーの □ （タブマーカー）をドラッグします。

※ Alt を押しながらドラッグすると、微調整を行うことができます。

　タブ位置を解除するには、水平ルーラーの □ （タブマーカー）を水平ルーラーの外にドラッグします。

タブ位置をすべて解除

段落内に設定した複数のタブ位置をすべて解除する方法は、次の通りです。

◆段落内にカーソルを移動➡ Ctrl + Shift + N

1.2.7.2 リーダー

　任意のタブ位置にそろえた文字の左側に「リーダー」という線を表示できます。
約22字のタブ位置にそろえた「担当：御前　英里」の左側に、リーダーを表示しましょう。

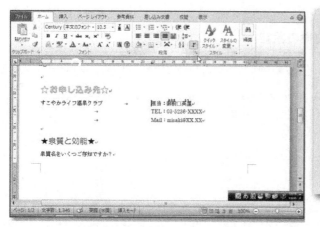

リーダーを表示する段落を指定します。

① 「担当：御前　英里」の段落にカーソルを移動します。

② ホームタブを選択します。

③ 段落グループの をクリックします。

段落ダイアログボックスが表示されます。

④ タブ設定(T)...（タブ設定）をクリックします。

タブとリーダーダイアログボックスが表示されます。

⑤ リーダーの ･････(5) を ◉ にします。

⑥ OK をクリックします。

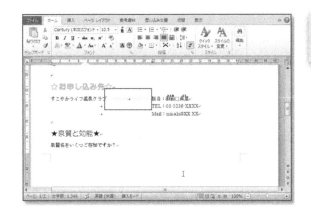

リーダーが表示されます。

Point リーダーの解除

設定したリーダーを解除する方法は以下の通りです。

◆段落内にカーソルを移動→「ホーム」タブ→「段落」グループの → 「タブの設定」→「リーダー」の ◉なし (1)

参考 その他の方法（リーダーの表示）

◆段落内にカーソルを移動→水平ルーラーのタブマーカーをダブルクリック→「リーダー」を選択

1.2.8 ドロップキャップ

「ドロップキャップ」を使うと、段落の先頭文字を大きく目立たせることができます。ドロップキャップの位置は、本文内または余白に表示させることができます。また、ドロップする行数や本文との距離なども設定できます。

◆本文内に表示

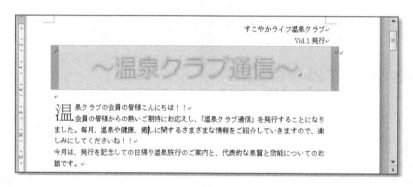

◆余白に表示

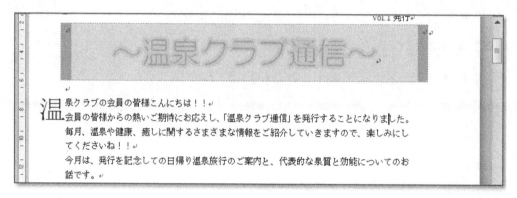

本文の最初の文字にドロップキャップを設定しましょう。

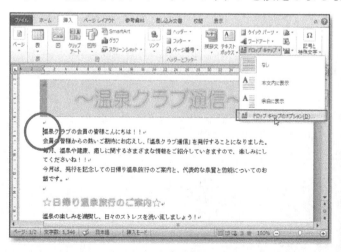

① 「温泉クラブの…」の行にカーソルを移動します。
②挿入タブを選択します。
③ テキストグループの ドロップキャップ （ドロップキャップ）をクリックします。
④ドロップキャップのオプション（D）をクリックします。

ドロップキャップダイアログボックスが表示されます。

⑤位置の本文内に表示(D)をクリックします。

⑥ドロップする行数(L)を 2 に設定します。

⑦本文からの距離(X)を 2mm に設定します。

⑧ OK をクリックします。

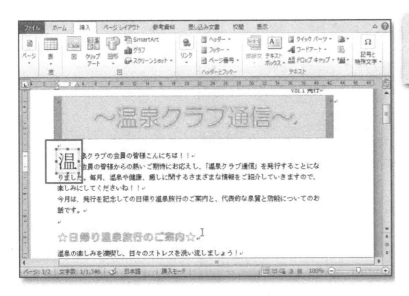

ドロップキャップが設定されます。

Point

ドロップキャップの解除

設定したドロップキャップを解除する方法は以下の通りです。

◆段落内にカーソルを移動➡「挿入」タブ➡「テキスト」グループの

 ➡「なし」

1.3 段組みを設定する

1.3.1 段組み

「段組み」を使うと、文書を複数の段に分けて配置できます。設定できる段数はページのサイズによって異なります。段組みは、印刷レイアウトに表示モードで確認できます。

2ページ目の「単純温泉」の行から文末までの文章を2段組みにしましょう。

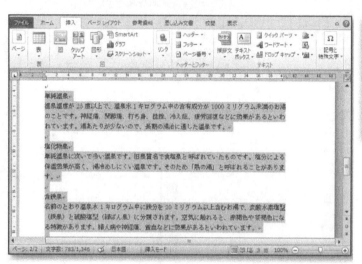

段組みにする文書を選択します。
①「単純温泉」の行から文末まで選択します。

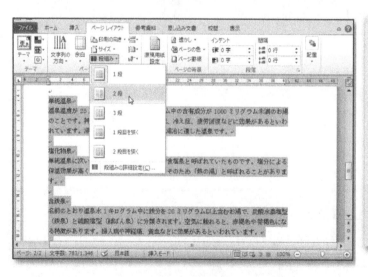

②ページレイアウトタブを選択します。
③ページ設定グループの ▥ 段組み ▾（段組み）をクリックします。
④ 2段 をクリックします。

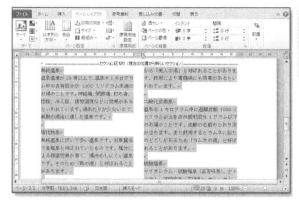

文書の前にセクション区切りが挿入され、文章が2段組みになります。

Point

セクションとセクション区切り

　範囲を選択して段組みを設定すると、選択した範囲の前後に自動的にセクション区切りが挿入され、新しいセクションが作成されます。文末まで選択した場合は、選択した範囲の前にだけセクション区切りが挿入されます。

　通常、文書は一つの「セクション」で構成されており、「セクション区切り」を挿入することで文書内を複数の異なる書式に設定できます。

その他の方法（段組みの設定）

参考

　◆段組みにする範囲を選択➡「ページレイアウト」タブ➡「ページ設定」グループの ▤ 段組み▾（段組み）➡「段組みの詳細設定」➡「種類」の一覧から段数を選択または「段数」を設定

Point

段組みの解除

　段組みを解除する方法は、以下の通りです。

　◆段組み内にカーソルを移動➡「ページレイアウト」タブ➡「ページ設定」グループの ▤ 段組み▾（段組み）➡「1段」

※段組みを解除してもセクション区切りは残ります。セクション区切りを削除するには、セクション区切りの前にカーソルを移動して Delete を押します。

1.3.2 段区切りの設定

段組みにした文章の中で、任意の位置から強制的に段を改める場合は、「段区切り」を挿入します。

「炭酸水素塩泉」の行が2段目の先頭になるように、段区切りを挿入しましょう。

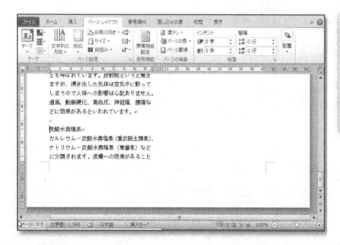

段区切りを挿入する位置を指定します。
① 「炭酸水素塩泉」の行の先頭にカーソルを移動します。

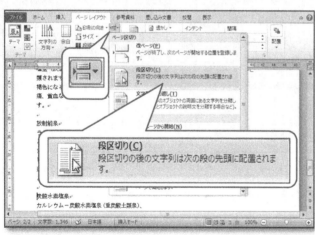

② ページレイアウトタブを選択します。
③ ページ設定グループの ⬚ （ページ/セクション区切りの挿入）をクリックします。
④ 段区切り (C) をクリックします。

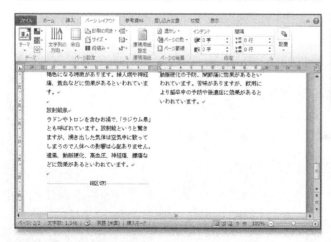

⑤ 「段区切り」が挿入され、以降の文章は次の段に送られていることを確認します。

◆段区切りを挿入する位置にカーソルを移動➡ 〔Ctrl〕 + 〔Shift〕 + 〔Enter〕

1.3.3 改ページ

　任意の位置から強制的にページを改める場合は、「改ページ」を挿入します。

　「★泉質と効能★」の行が2ページ目の先頭になるように、改ページを挿入しましょう。

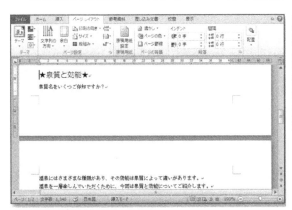

「改ページ」を挿入する位置を指定
します。
①「★泉質と効能★」の行の先頭に
カーソルを移動します。

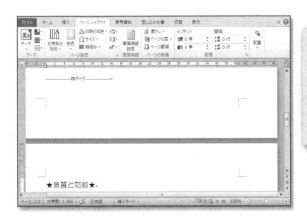

② 〔Ctrl〕 + 〔Enter〕 を押します。
③「改ページ」が挿入され、以降の
文章が次のページに送られているこ
とを確認します。

◆「改ページ」を挿入する位置にカーソルを移動➡「ページレイアウ
ト」タブ➡「ページ設定」グループの 〔■〕（ページ/セクション区
切りの挿入）➡「改ページ」

1.4 ページ番号を挿入する

　「ページ番号の挿入」を使うと、すべてのページに連続したページ番号を挿入できます。ページ番号は、ページの増減によって、自動的にページ番号が振り直されます。ページ番号の表示位置は、ページの上部、下部、余白、現在のカーソル位置から選択できます。また、それぞれにデザイン性の高いページ番号が用意されており、選択するだけで簡単に挿入できます。

　ページの下部に「～ 1 ～」と表示される「チルダ」というスタイルのページ番号を挿入しましょう

①挿入タブを選択します。
②ヘッダーとフッターグループの ページ番号 （ページ番号）をクリックします。
③ページの下部（B）をポインタします。
④番号のみの チルダ をクリックします。

ページの下部に中部揃えで挿入されます。リボンに「ヘッダー/フッターツール」の「デザイン」タブが表示されます。
⑤デザインタブを選択します。
⑥閉じるグループの （ヘッダーとフッターを閉じる）をクリックします。

ヘッダーとフッター

参考

　「ヘッダー」はページの上部、「フッター」はページの下部にある余白部分の領域のことです。ヘッダーとフッターは、ページ番号や日付、文書のタイトルなど複数のページに共通する内容を挿入するときに利用できます。

Point 1　「ヘッダー / フッターツール」の「デザイン」タブ

　ヘッダーやフッター内にカーソルがあるとき、リボンに「ヘッダー / フッターツール」の「デザイン」タブが表示され、ヘッダーやフッターに関するコマンドが使用できる状態になります。

Point 2　ページ番号の削除

　挿入したページ番号を削除する方法は、次の通りです。

◆「挿入」タブ→「ヘッダーとフッター」グループの ページ番号 （ページ番号）→「ページ番号の削除」

1.5 文書を保護する

　セキュリティを高めるために、文書に「パスワード」を付けることができます。パスワードを付けると、文書を開くときにパスワードの入力が求められます。パスワードを知らないユーザーは文書を開くことができないため、機密性を保つことができます。

　文書にパスワード「password」を設定しましょう。

①ファイルタブを選択します。
②情報をクリックします。
③文書の保護をクリックします。
④パスワードを使用して暗号化（E）をクリックします。

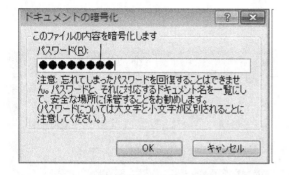

ドキュメントの暗号化ダイアログ
ボックスが表示されます。
⑤パスワード（R）に「password」と
入力します。
⑥　OK　をクリックします。

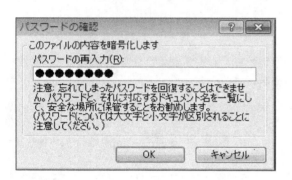

パスワードの確認ダイアログボック
スが表示されます。
⑦パスワードの再入力（R）に再度
「password」と入力します。
⑧　OK　をクリックします。

パスワードが設定されます。
※設定したパスワードは、文書を保
存すると有効になります。
※文書に「温泉旅行」と名前を付け
て、フォルダー「第1章」に保存し、
閉じます。

パスワート

参考　設定するパスワードは推測しにくいものにしましょう。次のような
パスワードは推測しやすいので、避けたほうがよいでしょう。

| ◆本人の誕生日 |
| ◆従業員番号や会員番号 |
| ◆すべて同じ数字 |
| ◆意味のある英単語 |

パスワードを入力しなければ、文書「温泉旅行」が開けないことを確認しましょう。
Word を起動しておきましょう。

①ファイルタブを選択します。
②開くをクリックします。

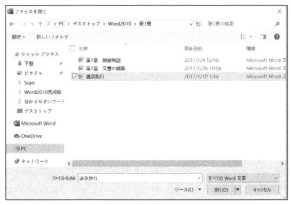

ファイルを開くダイアログ
ボックスが表示されます。
③一覧から(温泉旅行)を選択
します。
④ 開く(O) をクリックします。

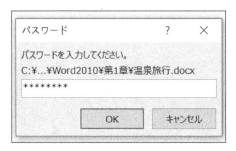

パスワードダイアログボック
スが表示されます。
⑤「パスワード」に「password」
と入力します。
⑥ OK をクリックします。

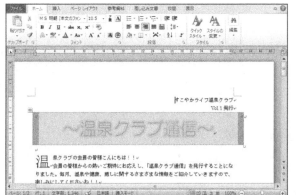

文書が開かれます。

「最終版にする」を使うと、文書が読み取り専用になり、内容の変更できなくなります。
　文書が完成して、これ以上変更を加えない場合は、その文書を最終版にしておくと、不用意に内容を置き換えたり、文字を削除したりすることを防止できます。
　文書を最終版として保存しましょう。

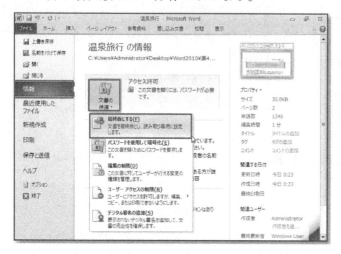

①ファイルタブを選択します。
②情報をクリックします。
③文書の保護をクリックします。
④最終版にする(F)をクリックします。

図のようなメッセージが表示されます。
⑤　OK　をクリックします。
※最終版に関するメッセージが表示される場合は、　OK　をクリックします。

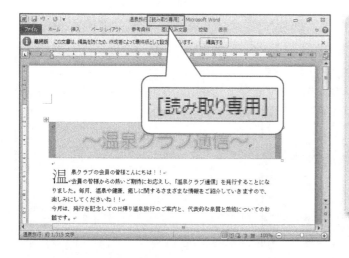

文書が最終版として上書き保存されます。
タイトルバーに［読み取り専用］と表示されます。また、メッセージバーが表示され、最終版を表すメッセージが表示されます。

1.6 ファイル形式を指定して保存する

　「PDFファイル」とは、パソコンの機種や環境に関わらず、もとのアプリケーションで作成したとおりに正確に表示できるファイル形式です。作成したアプリケーションがなくてもファイルを表示できるので、閲覧用によく利用されます。

　Wordでは、保存時にファイルの形式を指定するだけで、PDFファイルを作成できます。

　文書に「配布用温泉旅行」と名前を付けて、PDFファイルとしてフォルダー「第1章」に保存しましょう。

 フォルダー「第1章」の文書「温泉旅行」を開いておきましょう。

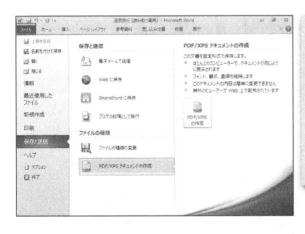

①ファイルタブを選択します。
②保存と送信をクリックします。
③PDF/XPSドキュメントの作成をクリックします。
④PDF/XPSの作成をクリックします。

PDF または XPS 形式で発行ダイアログボックスが表示されます。PDF ファイルを保存する場所を指定します。
⑤ファイルの場所が「第1章」になっていることを確認します。
⑥ファイル名（N）に「配布用温泉旅行」と入力します。
⑦ファイルの種類（T）が「PDF」になっていることを確認します。
⑧ 発行(S) をクリックします。

PDF ファイルが作成されます。

Adobe Reader が起動し、PDF ファイルが表示されます。

完成図のような文書を作成しましょう。

 フォルダー「第1章」の文書「第1章　練習問題」を開いておきしょう。

◆完成図

> 平成22年7月1日発行
>
> ## プラネタリウム通信
>
> 空に散りばめられているようにしか見えなかった星から「絵」が見えてくる。
> 天井に散らばる恒星を神や人物、動物などを想像して線でつなぎ、絵に描いたのが星座の始まりだといわれています。そして、星座にはいろいろな伝説があります。
> 夏の夜、海や山に出かけたついでに、満天の星空を見上げてみましょう。
> 夏の星空は、天の川とともにやってきて、さそり座、白鳥座、こと座、わし座などが見られます。
>
> ☆・★・☆・★・☆・★・☆・★・☆・★・☆・★・☆・★・☆・★・☆・★・☆・★・☆・★・☆
>
> ### ★今月のテーマ：『夏の夜空に輝くさそり座』
>
> ギリシャ神話では、オリオンを刺し殺したのはこの蠍だといわれています。オリオンも星座になりましたが、蠍を恐れてさそり座と一緒に空に輝くことはありません。さそり座は夏の星座、オリオン座は冬の星座として夜空に輝いています。
>
> S字にカーブしているさそり座は、南の空低く天の川を抱え込むように輝いています。
> 中国では、さそり座を蒼龍に見立ててS字にからだをくねらせた天の龍を思い描いていたそうです。
>
> 日本の瀬戸内海地方の漁師たちは、釣り針を思い描いて「魚釣り星」「鯛釣り星」と呼んでいました。
>
> 赤い星アンタレスは、夏の夜、南の空にひときわ輝いて見えます。ちょうどさそり座の心臓のように見え、とても印象的です。アンタレスとは「火星の敵」という意味で、古代の人々は、アンタレスを不気味な闇の力を持つ星だと考えていました。
>
> ☆・★・☆・★・☆・★・☆・★・☆・★・☆・★・☆・★・☆・★・☆・★・☆・★・☆・★・☆
>
> ### ★7月のプラネタリウム
>
> ◇　開催曜日：水・金・土・日
> ◇　開催時間：午前10：00～／午後14：30～（水・金は午後のみ）
> ◇　定　　員：100名
> ◇　入館料：高校生以上 300円　中学生以下 150円
>
> お問合せ先 ………県立学習センター
> 電話052-201-XXXX

1. 「プラネタリウム通信」「★今月のテーマ：『夏の夜空に輝くさそり座』」「★ 7 月のプラネタリウム」に文字の効果「塗りつぶし（グラデーション）‐青、アクセント 1」を設定しましょう。

2. 「★今月のテーマ：…」の上の行の「★・。・☆・。・★・。・☆…」に次の書式を設定しましょう。また、設定した書式を「★ 7 月のプラネタリウム」の上の行の「★・・☆・。・★・。・☆…」にコピーしましょう。

フォントの色 ：黄	
文字の効果 ：文字の輪郭　ベージュ、背景 2、黒 + 基本色 50%	

3. 「ギリシャ神話では…」から「…闇の力を持つ星だと考えていました。」までの文章を 2 段組みにしましょう。また、段の間に境界線を設定しましょう。

4. 「ギリシャ神話では…」「S 字にカーブしている…」「赤い星アンタレス…」の先頭文字に次のようにドロップキャップを設定しましょう。

位置	：本文内に表示
ドロップする行数	:2 行
本文からの距離	:2 mm

5. 「日本の瀬戸内海地方の漁師たちは…」から 2 段目が始まるように段区切りを挿入しましょう。

6. 次の文字全体にルビを付けましょう。

文字	ルビ
蠍（1 つ目）	さそり
青龍	せいりゅう
魚	うお

7.「定員」「入館料」を 4 字分の幅に均等割り付けましょう。

8.「開催曜日…」「開催時間…」「定員…」「入館料…」の行の行間隔を現在の 1.5 倍に変更しましょう。

9.「県立学習センター」と「電話 052-201-XXXX」を約 36 字の位置にそろえましょう。また、完成図を参考に、「県立学習センター」の左側にリーダーを表示しましょう。

10. 文書に「プラネタリウム通信」と名前を付けて、PDF ファイルとしてフォルダー「第 1 章」に保存しましょう。

11. 文書にパスワード「password」を設定しましょう。次に、「プラネタリウム通信完成」と名前を付けて、フォルダー「第 1 章」に保存しましょう。

第2章
表現力をアップ
する機能

この章では、ワードアート・画像・クリップアート
の挿入、図形の作成、ページ罫線の設定など、グラ
フィック機能を解説します。

毎章一語

失敗は成功のもと

意味：もし失敗したら、失敗の原因をよく見極めて反省し、
　　　同じ失敗を繰り返さないように心がければ成功への
　　　道が開かれる。失敗することによって、成功が得
　　　られるのだから、いわば失敗は成功のもととも
　　　言えるということ。

注釈：「失敗は成功の母」とも言う。

英語：Failure teaches success.

類語：失敗は成功の味を引き立てる調味料であ
　　　る。

2.1 作成する文書を確認する

次のような文書を作成しましょう。

図の挿入

ワードアートの挿入
ワードアートの効果の変更
ワードアートのフォントの変更

図形の作成
図形に文字入力

クリップアートの挿入

ページ罫線

2.2.1 ワードアート

　「ワードアート」を使って文字を入力すると、標準の装飾とは違う、グラフィカルな文字を入力できます。ポスターやチラシ、パンフレットなどの目立たせたい部分に使うと効果的です。

　「ワードアート」を使うと、輪郭を付けたり立体的に見せたりして、簡単に文字を装飾できます。インパクトのあるタイトルを配置したいときに便利です。

2.2.2 ワードアートの挿入

　ワードアートを使って、「3周年記念プラン」というタイトルを挿入しましょう。
　ワードアートのスタイルは次のように設定しましょう。

スタイル	：塗りつぶし（グラデーション）- 青、アクセント 1
フォント	：HG 丸ゴシック M-PRO
変形	：小波 1
文字列の折り返し	：上下

ファイル「第2章 表現力をアップする機能」を開いておきましょう。

①1行目にカーソルを移動します。
②挿入タブを選択します。
③テキストグループの ワードアート (ワードアート)をクリックします。
④塗りつぶし(グラデーション)-青、アクセント1をクリックします。

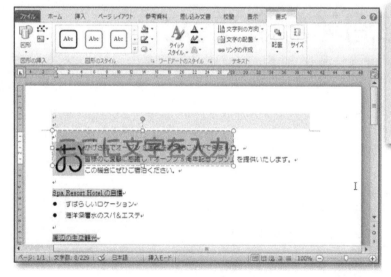

⑤ここに文字を入力が選択されていることを確認します。
※リボンに描画ツールの書式タブが表示されます。

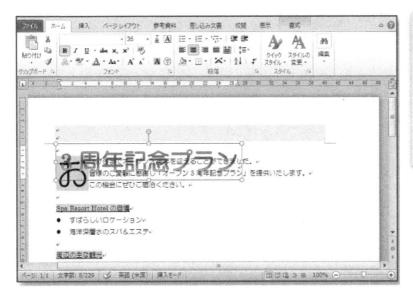

⑥「3周年記念プラ
ン」と入力します。
※ワードアート以外の
場所をクリックする
と、ワードアートが挿
入されます。

⑦ホームタブを選択し
ます。
⑧フォントグループの
［　　　　　］（フォ
ント）の ▾ をク
リックし、一覧から
［HG 丸ゴシック M-PRO］
を選択します。

フォントが変更されます。

2.2.3 ワードアートの効果の変更

ワードアートを挿入した後、文字の色、輪郭、効果などを変更できます。文字の色を変更するには、 A・（文字の塗りつぶし）を使います。文字の輪郭の色や太さを変更するには、 ✍・（文字の輪郭）を使います。文字を回転させたり変形したりするには、 A・（文字の効果）を使います。

ワードアートの形状を「小波 1」に変形しましょう。

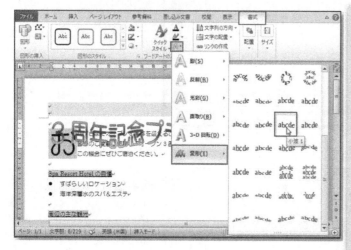

①ワードアートの文字上をクリックして、ワードアートが点線で囲まれ、点線上をクリックすると、ワードアートが選択されます。
②書式タブを選択します。
③ワードアートのスタイルグループの A・（文字の効果）をクリックします。
④変形 (T) をポイントします。
⑤形状の abcde（小波 1）をクリックします。

ワードアートの形状が変更されます。

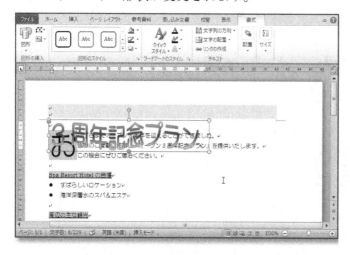

ワードアートの文字や輪郭の色

参考

ワードアートの文字や輪郭の色を後から変更することもできます。
文字の色を変更する方法は、以下の通りです。

◆ワードアートを選択➡「書式」タブ➡「ワードアートのスタイル」
グループの A▾ （文字の塗りつぶし）の ▾ ➡一覧から選択

文字の輪郭の色を変更する方法は、以下の通りです。

◆ワードアートを選択➡「書式」タブ➡「ワードアートのスタイル」
グループの ✎▾ （文字の輪郭）の ▾ ➡一覧から選択

2.2.4 文字列の折り返し

ワードアートを挿入した直後は、ワードアートを自由な位置に移動できます。ワードアートを自由な位置に移動するには、「文字列の折り返し」を設定します。

初期設定では、文字列の折り返しは「行内」になっています。文字が行単位でワードアートを避けて配置するには、文字列の折り返しを「上下」に設定します。

ワードアートの文字列の折り返しを「上下」に設定しましょう。

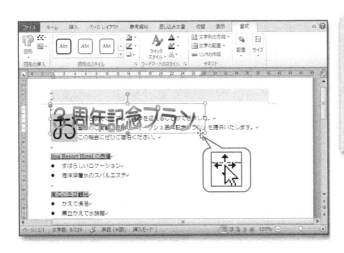

①ワードアートを選択します。
②ワードアートの枠線をポイントします。

※マウスポインターの形が ✛ に変わります。

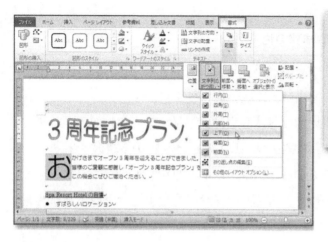

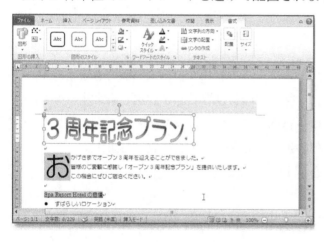

③書式タブを選択します。

④配置グループの　　（文字列の折り返し）をクリックします。

⑤　上下(Q)　（上下）をクリックします。

文字が行単位でワードアートを避けて配置されます。

文字列の折り返し

参考

文字列の折り返しには、次のようなものがあります。

◆**行内**　　　文字と同じ扱いでワードアートが挿入されます。1行の中に文字とワードアートが配置されます。

◆**四角 / 外周 / 内部**　文字がワードアートの周囲に周り込んで配置されます。

◆**背面 / 前面**　文字とワードアートが重なって配置されます。

◆**上下**　　　文字が行単位でワードアートを避けて配置されます。

2.2.5 ワードアートの移動・サイズの変更

ワードアートを移動には、ワードアートの周囲の枠線をドラッグします。

ワードアートのサイズを変更するには、「○」や「□」（ハンドル）をクリックします。

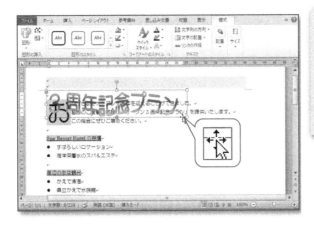

①ワードアートを選択します。

②ワードアートの枠線をポイントします。

※マウスポインターの形が に変わります。

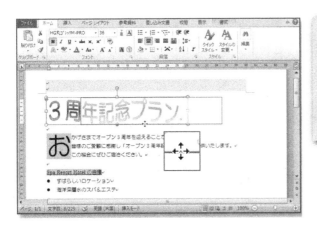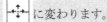

③図のように、移動先までドラッグします。

※ドラッグ中、マウスポインターの形が に変わります。

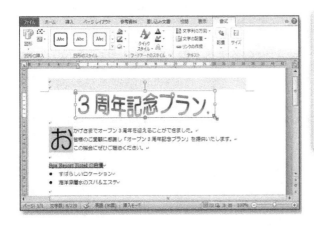

ワードアートが移動されます。

④ワードアートの右下の「○」（ハンドル）をポイントします。

※マウスポインターの形が に変わります。

⑤図のように右下にドラッグします。
※ドラッグ中、マウスポインターの形が
⊞に変わります。

ワードアートのサイズが変更されます。

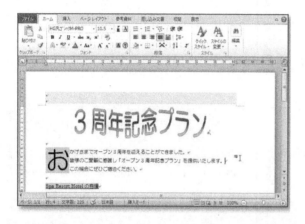

2.3 図を挿入する

2.3.1 図の挿入

　デジタルカメラで撮った画像や、イメージスキャナで取り込んだ画像などを文書に挿入できます。Wordでは、画像のことを「図」といいます。

　6行目にフォルダー「ピクチャ」→「サンプルピクチャ」の「灯台」を挿入しましょう。

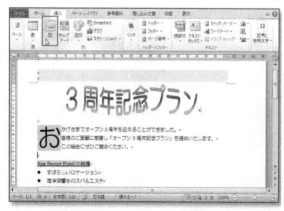

①6行目にカーソルを移動します。
②挿入タブを選択します。

③図グループの （図をファイルから挿入）をクリックします。

図の挿入ダイアログボックスが表示されます。

④左側の一覧からピクチャを選択します。

⑤右側からサンプルピクチャを選択します。

⑥一覧から を選択します。

⑦ 挿入(S) をクリックします。

⑧図が挿入されます。

リボンに図ツールの書式タブを表示されます。

Point 1
「図ツール」の「書式」タブ

　クリップアートや画像が選択されているとき、リボンに「図ツール」の「書式」タブが表示され、クリップアートや画像の書式に関するコマンドが使用できる状態になります。

Point 2
図の移動・サイズ変更・文字列の折り返し

　ワードアートと同様の操作手順で、図も移動したり、サイズ変更したり、文字列の折り返し設定できます。

タスク

以下の図を参考にして、図の移動・サイズ変更・文字列の折り返し（行内）を設定しましょう。

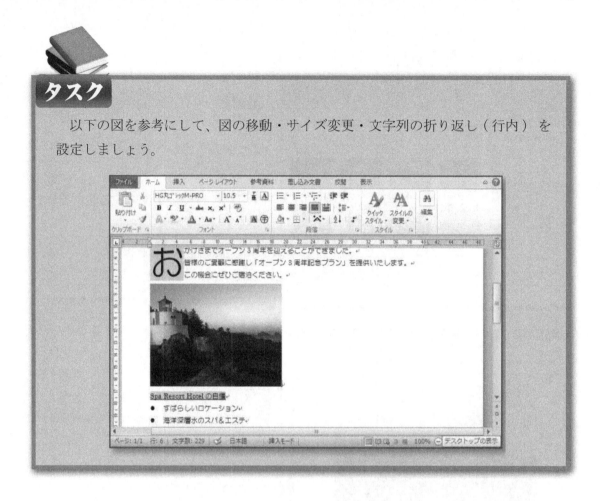

2.3.2 図のスタイル

「図のスタイル」は、図の枠線や効果などをまとめて設定した書式の組み合わせのことです。あらかじめ用意されている一覧から選択するだけで、簡単に図の見栄えを整えることができます。以下の図のように、影や光彩を付けて立体的に表示したり、図にフレームを付けて装飾したりできます。

48 易学易懂 Word 和 Excel 2010

図のスタイルの変更

図のスタイルを適用した後、枠線の色や太さを変更したり、影やぼかしなどの設定を変更したりできます。

枠線の色や太さを変更する方法は、次の通りです。

◆図を選択➡「書式」タブ➡「図のスタイル」グループの ☑️▾ （図の枠線）

影やぼかしの設定を変更する方法は、次の通りです。

◆図を選択➡「書式」タブ➡「図のスタイル」グループの ◻️▾ （図の効果）

2.4 図形を作成する

「図形」を使うと、線、基本図形、ブロック矢印、フローチャートなどのいろいろな図形を簡単に作成できます。図形は、文書を装飾するだけではなく、文字を入力したり、複数の図形を組み合わせて複雑な図形を作成したりすることもできます。

2.4.1 図形の作成

図形の「角丸四角形」を作成しましょう。

①挿入タブを選択します。

②図グループの 🔲 （図形）をクリックします。

③四角形の ◻️ （角丸四角形）をクリックします。

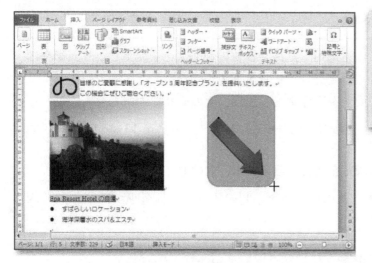

マウスポインターの形が
□＋□に変わります。
④図のように左上から右
下へドラッグします。

図形が作成されます。
リボンに描画ツールの書
式タブが表示されます。

正方形 / 正円の作成

参考　□ （正方形 / 長方形）や ◯ （円 / 楕円）は Shift を押しながらド
ラッグすると、正方形や正円を作成できます。

2.4.2 図形のスタイルの変更

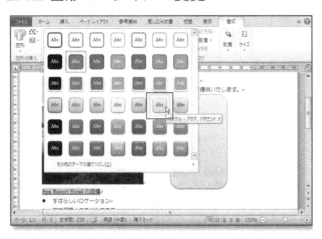

①図形を選択します。
②書式タブを選択します。

③図形のスタイルグループの▼
（その他）をクリックし、一覧
から Abc （パステル – アクア、
アクセント 5) を選択します。

図形のスタイルが変更されます。

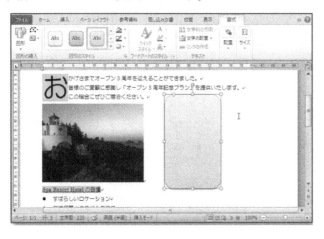

2.4.3 図形の中に文字を入力

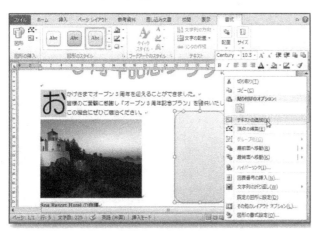

①挿入した角丸四角形を選択し
ます。
②右クリックします。

③ テキストの追加(X) （テキストの
追加）を選択します。

図形に以下の文字を入力します。

かえで湾を望む好立地
海洋深層水を使ったスパゾーン
光と水が織りなすモダンな空間
素材への自信がみなぎる料理

入力した文字に次の書式を設定しましょう。

フォント	：HG 丸ゴシック M-PRO
フォントのサイズ	：10.5 ポイント
フォントの色	：濃い青
左揃え	
文字列の方向	：縦書き

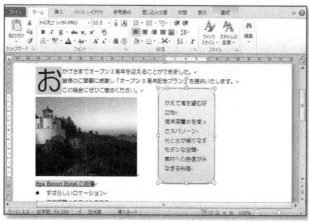

①ホームタブを選択します。
②フォントグループの
MS 明朝(本文のフォン ▼)（フォント）
の ▼ をクリックし、一覧から
HG 丸ゴシック M-PRO を選択し
ます。
③フォントグループの 12 ▼
（フォントサイズ）の ▼ をク
リックし、一覧から 10.5 を ▼
選択します。

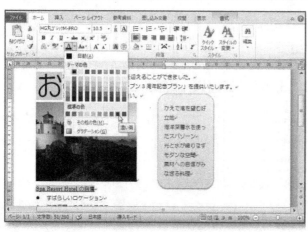

④フォントグループの A ▼
（フォントの色）の ▼ をクリッ
クし、一覧から 濃い青 を選択
します。

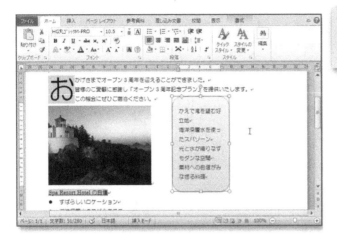

⑤段落グループの ≡（文字列を左揃える）をクリックします。

⑥書式タブを選択します。

⑦テキストグループの ‖‖ 文字列の方向 ▼（文字列の方向）をクリックします。

⑧ ▦ ▦（縦書き）を選択します。

書式が設定されます。

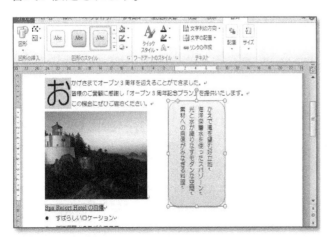

2.4.4 図形サイズの変更

　ワードアートと同様の操作手順で、図形も移動したり、サイズ変更したり、文字列の折り返し設定できます。

　2.1 完成した文書を参考に、図形を移動・サイズ変更しましょう。

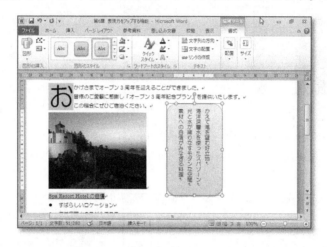

　同様にして、完成した文書を参考に、ページの下にブロック矢印を挿入します。

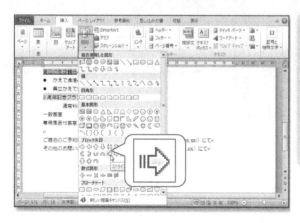

①挿入タブを選択します。

②図グループの　　（図形）をクリックします。

③ブロック矢印の　（ストライプ矢印）をクリックします。

マウスポインターの形が　＋　に変わります。

④図のように左上から右下へドラッグします。ブロック矢印が挿入されます。

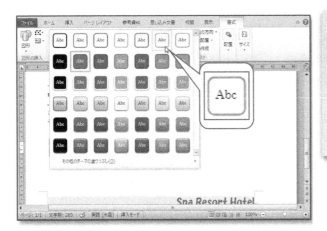

⑤書式タブを選択します。

⑥図形のスタイルグループの ▽ （その他）をクリックし、一覧から Abc （枠線のみ－アクア、アクセント5）を選択します。

図形のスタイルが変更されます。

ブロック矢印に以下の文字を入力します。

> ご宿泊のご予約はホームページにて
> http://www.spa-resort-hotel.xx.xx.xx/

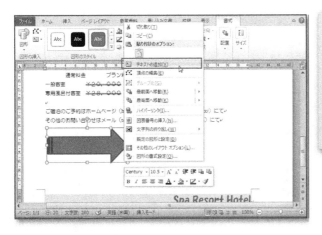

①挿入したブロック矢印を選択します。

②右クリックします。

③ テキストの追加(X) （テキストの追加）を選択します。

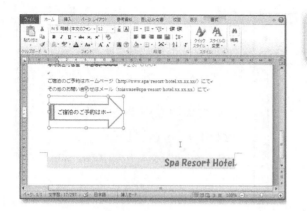

④文字入力されます。

⑤入力した文字が全て見えるように、図形の大きさを変更します。

文字に次のように書式を設定しましょう。

日本語のフォント	：HG 丸ゴシック M-PRO
英語のフォント	：Century
フォントサイズ	：10.5 ポイント
フォントの色	：濃い青、テキスト 2

⑥書式が設定されます。

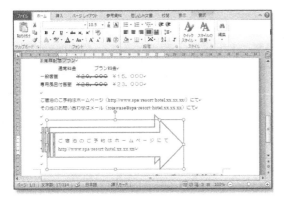

⑦図形を選択します。

⑧ [Ctrl] + [Shift] を押しながら図形の枠線をポイントし、マウスポインターの形が に変わったら、ドラッグしてコピーします。

図形がコピーされます。

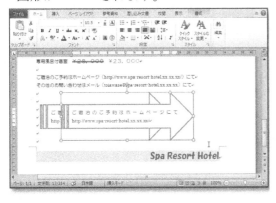

⑨文字を修正します。（20 行の内容を参考にします。）

⑩ 19 行目以降を選択して、削除します。

⑪ 2.1完成した文書を参考に、文字の配置（中央揃え）、図形の位置移動・サイズ変更をします。

2.5 クリップアートを挿入する

2.5.1 クリップアート

　「クリップアート」は、Word や Excel などにあらかじめ用意されているイラストや写真です。インターネットに接続している場合は、インターネット上からクリップアートをダウンロードして利用することもできます。人物や動物、建物、地図、風景など豊富な種類が用意されています。

◆クリップアートの例

2.5.2 クリップアートの挿入

　クリップアートには、それぞれキーワードが付けられており、キーワードを指定して目的に合ったクリップアートを素早く検索できます。
　キーワード「コンピューター」で検索されるクリップアートを挿入しましょう。

①挿入タブを選択します。

②図グループの（クリップアート）をクリックします。

クリップアート作業ウィンドウが表示されます。

③検索に「コンピューター」と入力します。

④種類が すべてのメディアファイル形式 になっていることを確認します。

⑤Office.com のコンテンツを含める を☑にします。

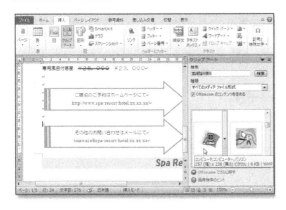

⑥ 検索 をクリックします。
検索結果が表示されます。

⑦一覧から図のクリップアートをポイントし、ポップヒントに コンピュータ、コンピューター、パソコン… と表示されることを確認します。

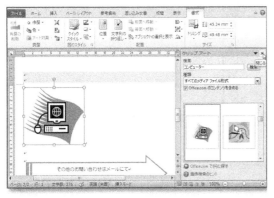

⑧クリックします。
クリップアートが挿入されます。リボンに図ツールの書式タブが表示されます。

⑨クリップアート作業ウィンドウの ✕ （閉じる）をクリックして、クリップアート作業ウィンドウを閉じます。

インターネット上のクリップアート

インターネット上のクリップアートは、検索する時期によって結果が異なります。

目的のクリップアートが表示されない場合は、任意のクリップアートを選択しましょう。

2.5.3 文字列の折り返し

文字列の折り返しを「前面」に設定しましょう。

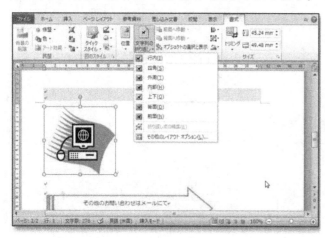

①クリップアートが選択されていることを確認します。
②書式タブを選択します。
③配置グループの □（文字列の折り返し）をクリックします。
④前面（M）をクリックします。

文字列の折り返しが設定されます。

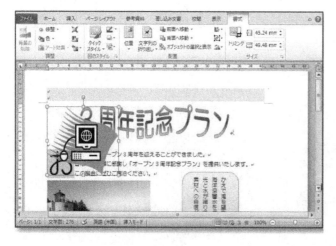

2.5.4 クリップアートの移動

　文字列の折り返しを「行内」から「前面」に変更すると、クリップアートを自由な位置に移動できるようになります。クリップアートを移動するには、クリップアートの周囲の枠線をドラッグします。（ワードアートと同様の操作手順です。）

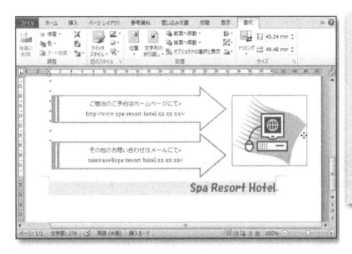

①クリップアートが選択されていることを確認します。
②クリップアートをポイントします。
③移動先までドラッグします。ドラッグ中、マウスポインターの形が✥に変わります。

2.5.5 クリップアートのサイズ変更

　クリップアートのサイズを変更するには、「○」や「□」（ハンドル）をドラッグします。
　クリップアートのサイズを縮小しましょう。

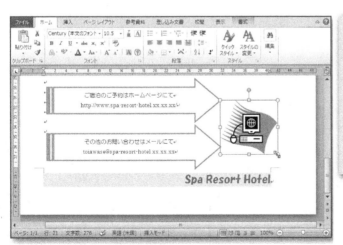

①クリップアートが選択されていることを確認します。
②右下の「○」（ハンドル）をポイントします。
③図のように、左上にドラッグします。

クリップアートの回転

参考

クリップアートは自由な角度に回転できます。クリップアートの上側に表示される緑色の「○」（ハンドル）をポイントし、マウスポイントの形が に変わったらドラッグします。

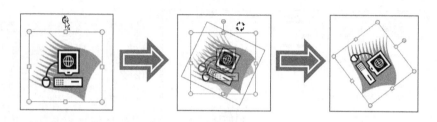

2.6 ページ罫線を設定する

「ページ罫線」を使うと、ページの周りに罫線を引いて、ページを飾ることができます。ページ罫線には、線の種類や絵柄が豊富に用意されています。文書全体に罫線を囲むと、文書の内容が強調されます。文書の余白部分にフレームを付けるようなイメージで、装飾されたカラフルな線を表示しましょう。

◆ページ罫線の設定

次のようなページ罫線を設定しましょう。

絵柄	:
線の太さ	: 10pt

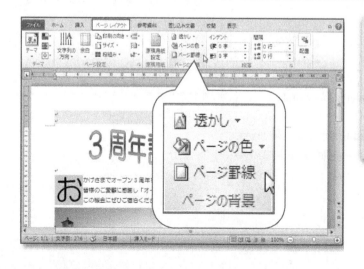

①ページレイアウトタブを選択します。
②ページの背景グループの ページ罫線 （ページ罫線）をクリックします。

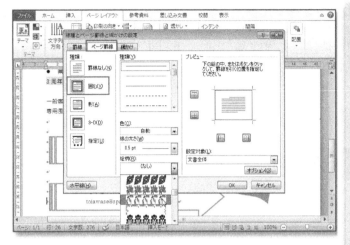

線種とページ罫線と網掛けの設定ダイアログボックスが表示されます。

③ページ罫線タブを選択します。

④左側の種類の囲む (X) をクリックします。

⑤絵柄 (R) の ▼ をクリックします。

⑥ をクリックします。

⑦線の太さ (W) を 10pt に設定します。

⑧右側の設定対象 (L) が文書全体になっていることを確認します。

⑨設定した内容をプレビューで確認します。

⑩ OK をクリックします。

ページ罫線が設定されます。

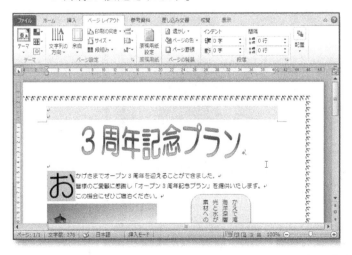

線の太さで絵柄の大きさを変える

参考　　ページ罫線の絵柄は、「線の太さ(<u>W</u>)」で設定した数字に合わせてサイズが変わります。絵柄を大きくしたいときには、「線の太さ(<u>W</u>)」の数値を大きくします。数字を小さく過ぎると、絵柄にならず線として表示されてしまうので注意しましょう。

2.7 練習問題

完成図のような文書を作成しましょう。

　フォルダー「第2章」の文書「第2章　練習問題」を開いておきましょう。

◆完成図

1. ワードアートを使って、「新刊のお知らせ」というタイトルを挿入しましょう。また、ワードアートのスタイルに次の書式を設定しましょう。

ワードアートのスタイル	：塗りつぶし（グラデーション）-青、アクセント1、輪郭-白
フォント	：HGS 創英角ポップ体
変形	：下凹レンス

2. 完成図を参考に、ワードアートの位置とサイズを変更しましょう。

3. フォルダー「第 2 章」の図「キャンプ」を挿入しましょう。また、図に次の書式を設定し、位置とサイズを変更しましょう。

文字列の折り返し	：四角
図のスタイル	：シンプルな枠、白

4. 完成図を参考に、「■気軽に始めるフライフィッシング」の右横に「角丸四角形吹き出し」の図形を作成しましょう。また、図形の中に「9 月 10 日発売！」と入力しましょう。

5. 図形を「■家族でキャンプを楽しもう」の右横にコピーしましょう。また、図形の中に「9 月 20 日発売！」に修正しましょう。

6. 次のページ罫線を設定しましょう。

絵柄	：🌲🌲🌲🌲🌲
線の太さ	：10pt

第3章
長文の作成

この章では、見出しの設定や見出しを利用した文章の入れ替えなど、長文の作成に便利な機能を解説します。また、スタイルセットや表紙、ページ番号、目次の作成など、文書全体に統一したデザインを適用する方法を解説します。

毎章一語

虎穴に入らずんば虎子を得ず

意味：何事も危険を冒さなければ成功を収めることはできないというたとえ。

注釈：危険だが、虎の棲む穴に入らなければ虎の子を得ることはできないの意から。「虎子」は「こし」とも読み、「こじ」は「虎児」とも書く。

出典：『後漢書』

英語：Nothing venture, nothing have.

類語：危ない橋も一度は渡れ

3.1 作成する文書を確認する

次のような文書を作成しましょう。

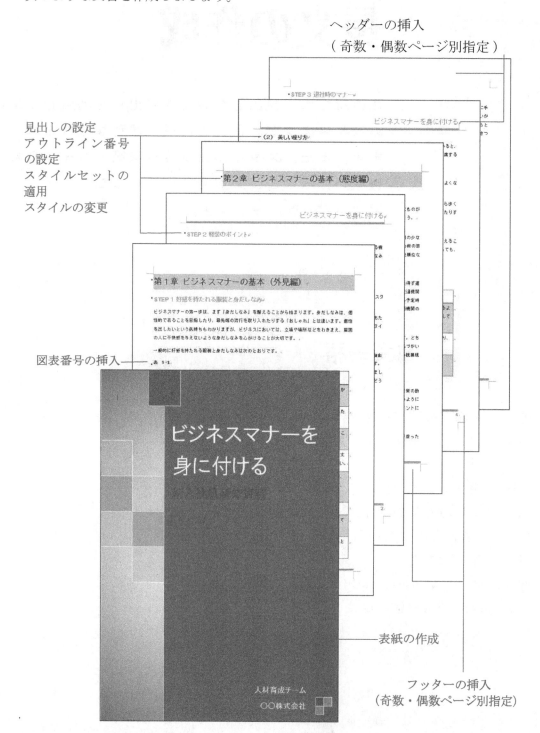

ヘッダーの挿入
（奇数・偶数ページ別指定）

見出しの設定
アウトライン番号
の設定
スタイルセットの
適用
スタイルの変更

図表番号の挿入

表紙の作成

フッターの挿入
（奇数・偶数ページ別指定）

3.2 見出しを設定する

　説明書や報告書、論文などのページ数の多い文書の構成を確認したり、変更したりする場合に、文書に「第1章、第1節、第1項」や「第1章、STEP1、(1)」といった階層構造を持たせておくと、文書が管理しやすくなります。

　文書に階層構造を持たせる場合は、「見出し」と呼ばれるスタイルを設定します。Word には、あらかじめ「見出し1」から「見出し9」までの見出しスタイルが用意されており、見出し1が一番上位のレベルになります。見出しを設定しない説明文などは「本文」として扱われます。見出し設定をおくと、文書の構成を確認するために見出しだけを抜き出して一覧で表示したり、見出しを入れ替えるだけで、その見出しに含まれる本文も入れ替えたりすることができます。また、見出しから目次を作成することもできます。

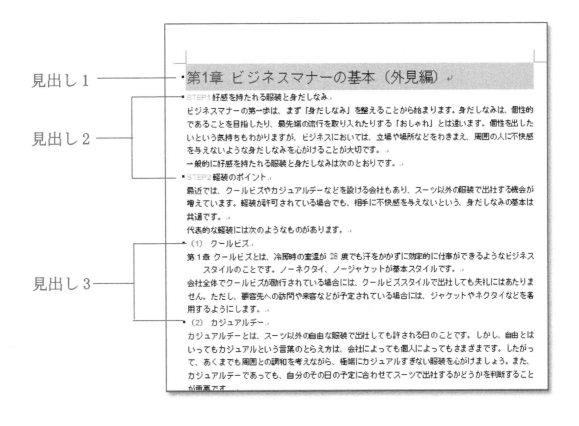

ファイル「第3章 長文の作成 - 1」を開いておきましょう。

3.2.1 作成する文書の階層構造の確認

文書に、次のような階層構造を設定します。見出し1から見出し3を設定する箇所を確認しましょう。

ページ	行数	内容	見出しレベル
	1行目	ビジネスマナーの基本（外見編）	見出し1
	2行目	好感を持たれる服装と身だしなみ	見出し2
1ページ	25行目	軽装のポイント	
	30行目	クールビス	見出し3
	36行目	カジュアルデー	
	4行目	ビジネスマナーの基本（態度編）	見出し1
	5行目	就業中のルール	
	8行目	出社時間について	
	13行目	遅刻について	
2ページ	19行目	休暇について	見出し2
	24行目	退社時のマナー	
	30行目	好感を持たれる立ち居振舞い	
	34行目	美しい立ち方	
	37行目	美しい歩き方	見出し3
3ページ	5行目	美しい座り方	
	9行目	美しいおじぎの仕方	

3.2.2 行数の表示

　複数ページの文書に対して、操作を行う場合は、カーソルの位置を確認しやすいように、ステータスバーに行数を表示すると便利です。

　ステータスバーに行数を表示しましょう。

①ステータスバーを右クリックします。
ステータスバーのユーザー設定が表示されます。
②行番号 (B) をクリックします。

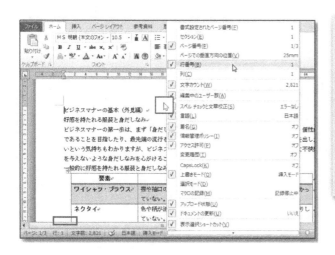

ステータスバーに行：1 が表示されます。
※現在カーソルのある行数が表示されます。
③図の位置をクリックします。
※ステータスバーのユーザー設定以外の場所であれば、どこでも構いません。

行数の非表示

ステータスバーに表示した行数を非表示する方法は、次の通りです。

◆ステータスバーを右クリック➡「行番号」

3.2.3 見出しの設定

文書に見出し 1 から見出し 3 を設定しましょう。

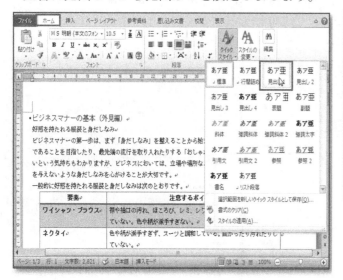

①1ページ1行目にカーソルを移動します。

②ホームタブを選択します。

③スタイルグループの（クイックスタイル）をクリックし、あア亜 見出し1（見出し1）を選択します。

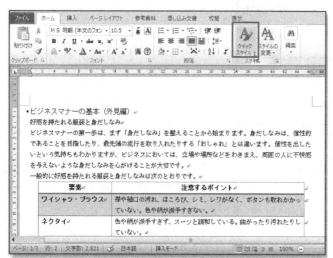

「ビジネスマナーの基本（外見編）」に見出し1が設定され、行の左端に ■ が表示されます。

④1ページ2行目にカーソルを移動します。

⑤スタイルグループの（クイックスタイル）をクリックします。

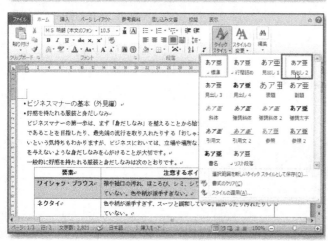

⑥一覧から あア亜 見出し2（見出し2）をクリックします。

「好感を持たれる服装と身だしなみ」に見出し2が設定されます。

⑦1ページ25行目にカーソルを移動し、見出し2と設定します。

⑧25行目の「軽装のポイント」に見出し2が設定されます。

⑨同様にして、1ページ30行目に見出し3と設定します。
30行目の「クールビズ」に見出し3が設定されます。
※左のインデントが変更されます。

　同じ操作を繰り返して、3.2.1 の表の通りに、見出し1から見出し3までを設定しましょう。

※設定できたら、 Ctrl ＋ Home を押して、文頭にカーソルを移動しておきましょう。

参考

　　見出しの設定のショットカートキー

◆見出し1 Ctrl ＋ Alt ＋ 1
　見出し2 Ctrl ＋ Alt ＋ 2
　見出し3 Ctrl ＋ Alt ＋ 3

Point

禁則文字の設定

　文章を入力していると、句読点や括弧の閉じ記号、拗音、促音が行頭に表示されることがあります。これらの文字は、行頭にあると、意味が分かりづらいため、行末に入れ込んだり、どうしても行末に入らない場合は前の文字と一緒に次の行に送ったりするとよいでしょう。

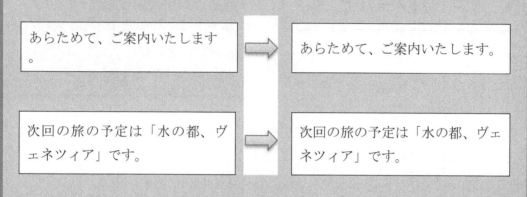

| あらためて、ご案内いたします | → | あらためて、ご案内いたします。 |
| 次回の旅の予定は「水の都、ヴェネツィア」です。 | → | 次回の旅の予定は「水の都、ヴェネツィア」です。 |

　Word では、これらの文字を禁則文字として設定しておくと、行頭に表示されないように自動的に調整されます。禁則文字を設定する方法は以下の通りです。

◆「ファイル」タブ➡「オプション」➡「文字体裁」➡「禁則文字の設定」
※初期設定では、「標準 (S)」に設定されています。

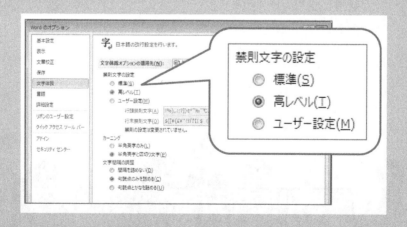

3.3 文書の構成を変更する

3.3.1 ナビゲーションウィンドウ

「ナビゲーションウィンドウ」とは、文書の構成を確認できるウィンドウです。文書内の見出しを設定した段落が階層表示されます。表示された見出しをクリックするだけで、目的の場所へジャンプしたり、見出しをドラッグするだけで、見出し単位で文章を入れ替えたりできます。

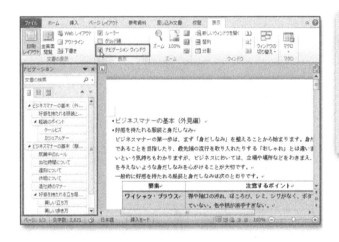

①表示タブを選択します。
②表示グループのナビゲーションウィンドウを☑にします。
ナビゲーションウィンドウが表示されます。

ナビゲーションウィンドウに表示されている見出しをクリックすると、その見出しにジャンプできます。

例えば、見出しの「就業中のルール」をクリックして画面の表示を切り替えましょう。

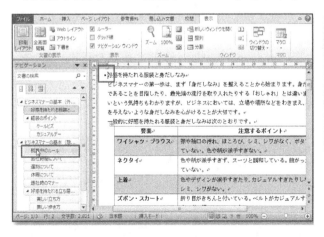

③カーソルが文頭にあることを確認します。
④ナビゲーションウィンドウの [就業中のルール] をクリックします。

本文中の見出し「就業中のルール」が表示されます。

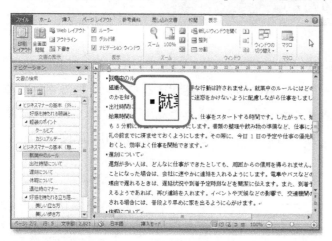

3.3.2 見出しの切り替え

　ナビゲーションウィンドウに表示されている見出しを使って文書の構成を確認できます。

　ナビゲーションウィンドウに表示する見出しのレベルを指定して、表示を切り替えることができます。

　2レベルまでの見出しの表示に切り替えましょう。

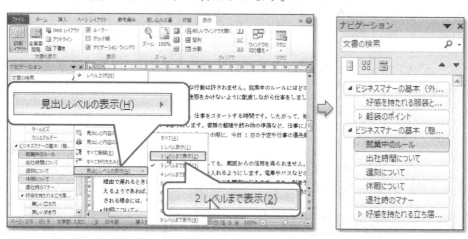

①ナビゲーションウィンドウの見出しを右クリックします。
②見出しレベルの表示（H）をポイントします。
③2レベルまで表示（2）をクリックします。

ナビゲーションウィンドウの見出しが2レベルまでの表示に切り替わります。

ナビゲーションウィンドウに表示されている見出しについている◢のは、下位レベルの見出しを含んでいることを表しています。

　◢を使うと、部分的に下位レベルの見出しの表示・非表示を切り替えることができます。

　「軽装のポイント」の◢をクリックして、下位レベルを非表示にしましょう。

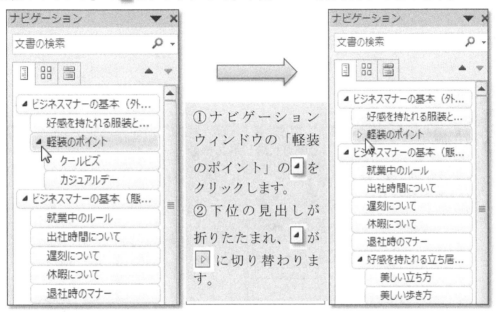

　ナビゲーションウィンドウに表示されている見出しを使って、見出しのレベルを変更することができます。文書の構成を確認しながらレベルを変更できるので便利です。

　「出社時間について」「遅刻について」「休暇について」の見出しのレベルを1段階下げましょう。

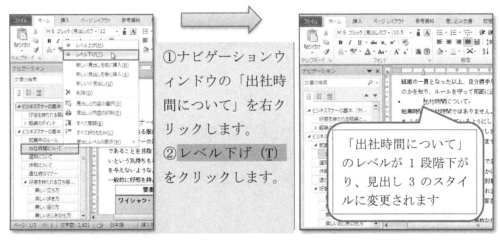

　同様にして、「遅刻について」「休暇について」もレベル1段階下げます。

その他の方法（見出しのレベルの変更）

参考

◆見出しのレベルを変更する段落にカーソルを移動➡「ホーム」タブ
➡「スタイル」グループの一覧から見出しレベルを選択

Point

見出しのレベルの変更

下位のレベルが含まれる見出しのレベルを変更すると、下位のレベルを含めてレベルが変更されます。

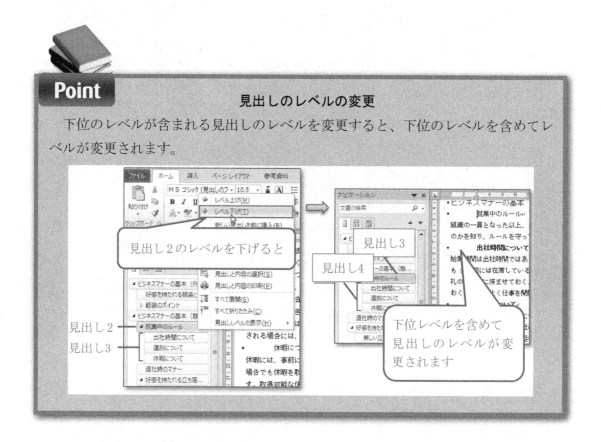

3.3.3 見出しの入れ替え

ナビゲーションウィンドウに表示されている見出しをドラッグして、文章の順番を入れ替えることができます。文書の構成を確認しながら入れ替えできるので便利です。

例えば、「好感を持たれる立ち居振舞い」を「退社時のマナー」の前に移動しましょう。

①ナビゲーションウィンド
ウの「好感を持たれる立ち
居振舞い」を図のようにド
ラッグします。
②見出しが入れ替わりま
す。

Point　　　　　　　　見出しの削除

　ナビゲーションウィンドウに表示されている見出しを削除すると、その見出しに
含まれる下位のレベルや本文などの内容も同時に削除されます。

　見出しを削除する方法は、以下の通りです。

◆削除する見出しを右クリック➡「削除」

アウトライン表示での文書の操作

参考

　　文書の構成を確認したり、変更したりする機能として「アウトライ
ン」という機能があります。

　　アウトライン機能を使う場合は、文書をアウトライン表示に切り替
えてから操作します。

　　アウトライン表示に切り替えると、「アウトライン」タブが表示さ
れ、見出しレベルを変更したり、下位レベルを折りたたんで表示した
りできます。

　　アウトライン表示に切り替える方法は、次の通りです。

◆　「表示」タブ➡「文書の表示」グループの　アウトライン　（アウトラ
　　イン表示）

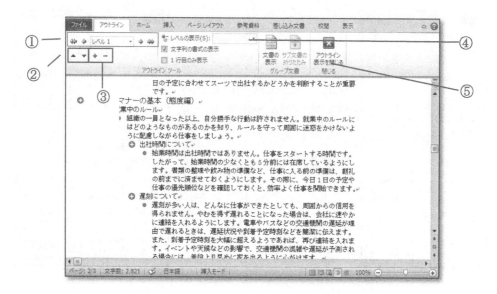

①見出しのレベルを上げたり、下げたり、本文に戻したりできます。

②見出しを上下に移動できます。

③下位レベルの見出しを展開して表示したり、折りたたんで非表示にしたりできます。

④表示するレベルを指定できます。

⑤アウトライン表示を終了します。

3.4 スタイルを適用する

3.4.1 スタイルとスタイルセット

「スタイル」とは、フォントやフォントサイズ、下線、インデントなど複数の書式をまとめて登録し、名前を付けたものです。スタイルには、「見出し1」、「見出し2」といった見出しのスタイル以外にも「表題」や「引用文」などのスタイルが豊富に用意されています。

また、それらのスタイルをまとめて、統一した書式を設定できるようにしたものを「スタイルセット」といい、「エレガント」や「トラディショナル」などの名前が付けられています。

あらかじめ文書にスタイルを設定しておくと、スタイルセットを適用するだけで、スタイルの書式がまとめて変更され、統一感のある文書が作成できます。

スタイルセットを適用する手順は、次の通りです。

◆スタイルを設定

「見出し」や「表題」「副題」などのスタイルを設定します。

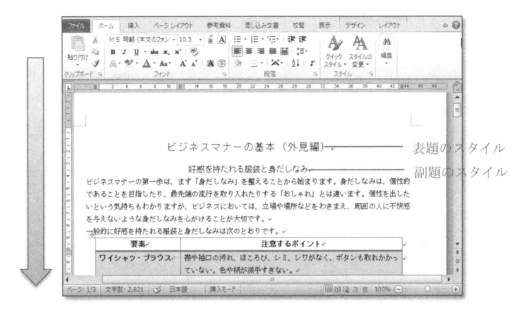

◆スタイルセットを適用

スタイルセットを適用すると、スタイルの書式がまとめて変更されます。

※スタイルセットで適用された書式は個別に変更することもできます。

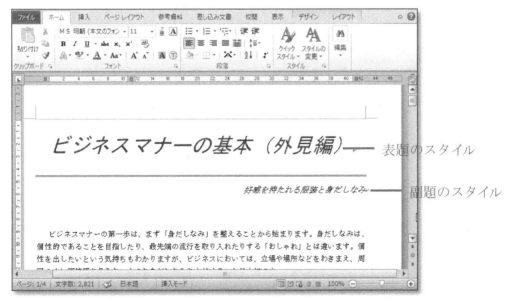

例えば、スタイルセット「パースペクティブ」を適用しましょう。

①ホームタブを選択します。

②スタイルタブの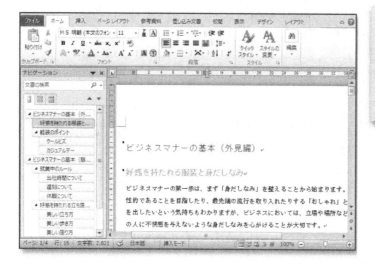（スタイルの変更）をクリックします。

③スタイルセットをポイントします。

④パースペクティブをクリックします。

⑤文書にスタイルセットが適用されます。

※スクロールして確認しておきましょう。

3.4.2 スタイルの書式の変更

　スタイルセットで適用されたスタイルの書式は、必要に応じて変更できます。スタイルの書式を変更する場合は、スタイルを設定した個所の書式を変更します。その後、その書式をもとにスタイルを変更します。スタイルを更新すると、文書内の同じスタイルを設定した個所すべてに書式が反映されます。

　例えば、「クールビズ」の行の左インデントを「0 字」に変更し、見出し3のスタイルを更新しましょう。

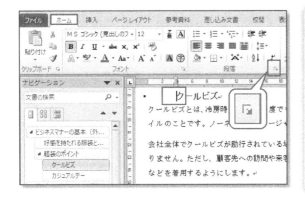

① 「クールビズ」の行にカーソルを移動しましょう。

※ナビゲーションウィンドウの「クールビズ」をクリックすると、効率よく表示できます。

②ホームタブを選択します。

③段落グループの □ をクリックします。

段落ダイアログボックスが表示されます。

④インデントと行間隔タブを選択します。

⑤インデントの左（L）に 0字と入力します。

※「0mm」でもかまいません。

⑥ OK をクリックします。

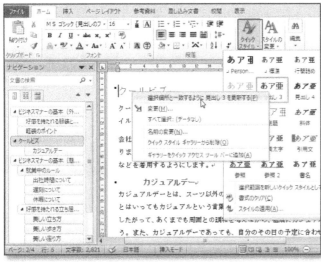

左インデントが 0 字に設定されます。

見出し 3 のスタイルを更新します。

⑦スタイルグループの （クイックスタイル）をクリックします。

⑧ （見出し 3）を右クリックします。

⑨選択個所と一致するように見出し 3 を更新する（P）をクリックします。

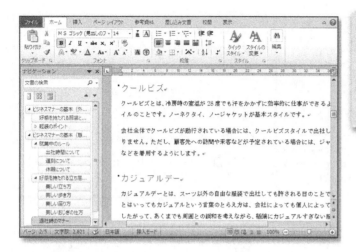

文書内の見出し3のスタイルが更新されます。
※スクロールして確認しておきましょう。

水平ルーラーを使った左インデントの調整

左インデントを調整する場合に、ルーラーを使うと、位置を確認しながらできるので便利です。ルーラーを表示する方法は、次の通りです。

◆ 🔳 （ルーラー）をクリック

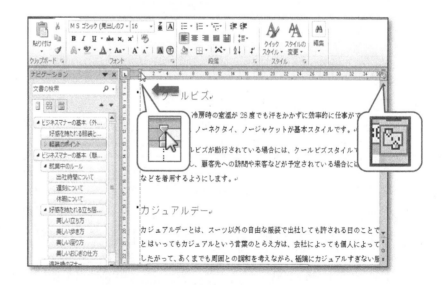

見出し1のスタイルを次のように変更し、更新しましょう。

フォントサイズ：	20 ポイント
段落の網掛け：	オリーブ、アクセント 3、白 + 基本色 40%

ヒント：段落の網掛けは、段落を選択➡「ホーム」タブ➡「段落」グループの
（下罫線）の ➡「線種とページ罫線と網掛けの設定」➡「網掛け」タブ
で行います。

3.5 アウトライン番号を設定する

設定した見出しに対して、「第1章、第1節、第1項」や「1、1-1、1-1-1」のように、階層化した連続番号を設定できます。この番号を「アウトライン番 号」といいます。アウトライン番号を設定したあとで、見出しを削除したり、入れ替えたりした場合でも自動的にアウトライン番号が振り直されます。

アウトライン番号は、あらかじめいくつかの種類が用意されていますが、自分で作成することもできます。

文書内の見出し1に対して、次のアウトライン番号を設定しましょう。

アウトライン番号	：第1章
フォントの色	：濃い青、テキスト2
番号に続く空白	：スペース

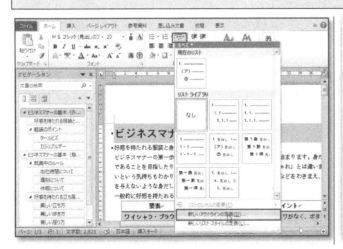

①文頭にカーソルを移動します。

※ Ctrl + Home を押すと、効率よく移動できます。

②ホームタブを選択します。

③段落グループの （アウトライン）をクリックします。

④新しいアウトラインの定義 (D) をクリックします。

新しいアウトラインの定義ダイアログボックスが表示されます。

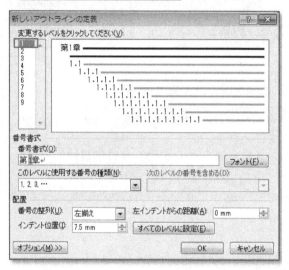

⑤変更するレベルをクリックしてください (V) の 1 をクリックします。
⑥番号書式 (O) の「1」の両側に「第」と「章」を入力します。
※あらかじめ入力されている 1 は削除しないようにします。
⑦フォント (F) をクリックします。

フォントダイアログボックスが表示されます。

⑧フォントタブを選択します。
⑨フォントの色 (C) の ▼ をクリックし、一覧からテーマの色の 濃い青、テキスト2 を選択します。
⑩ OK をクリックします。

新しいアウトラインの定義ダイアログボックスに戻ります。

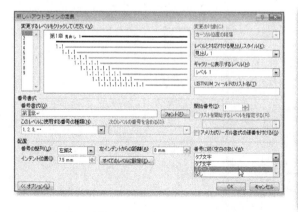

⑪オプションをクリックします。
⑫レベルと対応付ける見出しスタイル (K) の ▼ をクリックし、一覧から 見出し1 を選択します。
⑬番号に続く空白の扱い (W) の ▼ をクリックし、一覧から スペース を選択します。
⑭ OK をクリックします。

見出し1にアウトライン番号が設定されます。

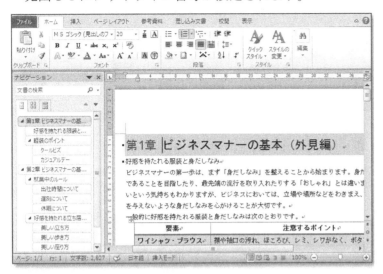

タスク

　文書内の見出し2、見出し3に対して、次のアウトライン番号を設定しましょう。

◆見出し2

アウトライン番号	： STEP1
左インデントからの距離	： 0mm
太字	
フォントの色	：オリーブ、アクセント3
番号に続く空白	：スペース

◆見出し3

アウトライン番号	： (1)
左インデントからの距離	： 0mm
太字	
フォントの色	：濃い青、テキスト2
番号に続く空白	：スペース

アウトライン番号を設定したあとに、見出しの入れ替えを行うと、アウトライン番号が自動的に振り直されます。

例えば、「（3）美しい座り方」を「（2）美しい歩き方」の前に移動しましょう。

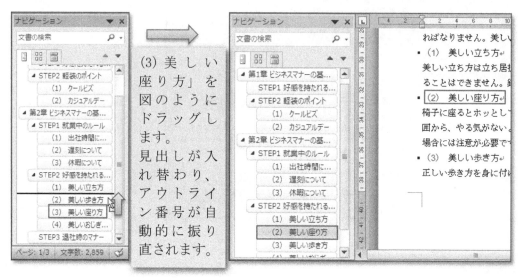

3.6 図表番号を挿入する

文書内に複数の図や表がある場合は、その図や表に対して連番を振っておくとよいでしょう。文書内の図や表に対して振る連番のことを「図表番号」といいます。図表番号の機能を使って連番を振っておくと、途中で図や表を追加したり削除したりした場合でも自動的に番号が振り直されます。

文書内の表に図表番号を挿入しましょう。

①1ページ目の表内にカーソルを移動します。

②参考資料タブを選択します。

③図表グループの（図表番号の挿入）をクリックします。

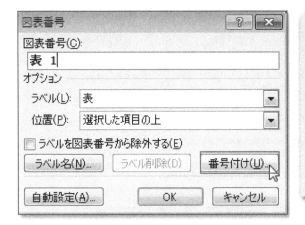

図表番号ダイアログボックスが表示
されます。

④ラベル (L) が表になっていること
を確認します。

⑤位置 (P) が 選択した項目の上 に
なっていることを確認します。

⑥番号付け (U) をクリックします。

図表番号の書式
書式(F): 1, 2, 3, …
☑ 章番号を含める(C)
章タイトルのスタイル(P): 見出し 1
区切り文字(E): - （ハイフン）
例: 図 II-1、表 1-A、数式 i-a
OK キャンセル

図表番号の書式ダイアログボックス
が表示されます。

⑦章番号を含める (C) を☑にします。

⑧章タイトルのスタイル (P) が
見出し 1 になっていることを確認し
ます。

⑨区切り文字 (E) が -（ハイフン）に
なっていることを確認します。

⑩ OK をクリックします。

図表番号
図表番号(C):
表 1-1
オプション
ラベル(L): 表
位置(P): 選択した項目の上
☐ ラベルを図表番号から除外する(E)
ラベル名(N)... ラベル削除(D) 番号付け(U)...
自動設定(A)... OK 閉じる

図表番号 (C) ダイアログボックスに戻
ります。

⑪図表番号 (C) に 表 1 - 1 と表示され
ていることを確認します。

⑫ OK をクリックします。

表の上側に図表番号が挿入されます。

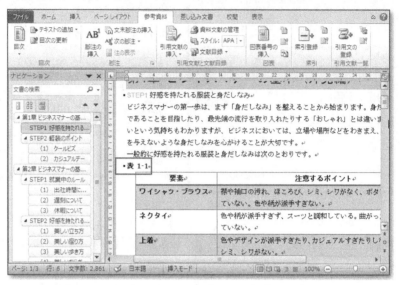

タスク

4ページ目の表の上側に「表2-1」を表示されるように、図表番号を挿入しましょう。

3.7 表紙を作成する

　文書の先頭ページに、表紙を挿入できます。あらかじめ表紙のスタイルが数多く用意されており、一覧から選択するだけで、洗練されたデザインの表紙を作成できます。挿入した表紙には、タイトルや日付、名前などが入力できるように「コンテンツコントロール」が設定されています。不要なコンテンツコントロールを削除したり、書式を変更したりすることもできます。

　例えば、組み込みスタイル「パズル」を使って表紙を挿入し、次のように入力しましょう。

タイトル	：ビジネスマナーを身に付けよう
サブタイトル	：新入社員研修資料
作成者	：人材育成チーム
会社	：○○株式会社

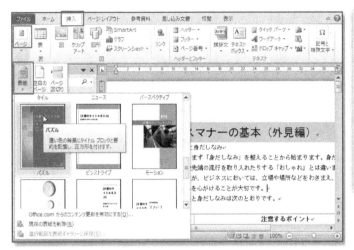

①挿入タブを選択します。

②ページグループの [表紙] （表紙）をクリックします。

③組み込みのパズルをクリックします。

※一覧に表示されない場合は、スクロールして調整します。

1ページ目に表紙が挿入されます

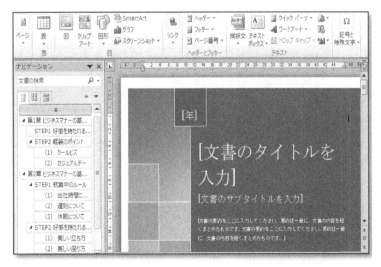

タイトルを入力します。

④文書のタイトルを入力をクリック
します。
タイトルのコンテンツコントロール
が選択されます。
⑤「ビジネスマナーを身に付けよう」
と入力します。
⑥文書のサブタイトルを入力をク
リックし、「新入社員研修資料」と
入力します。
⑦作成者名を入力をクリックし、「人
材育成チーム」と入力します。
⑧同様に会社をクリックし、「○○
株式会社」と入力します。

次に、不要なコンテンツコントロールを削除します。

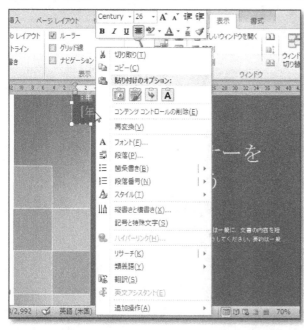

⑨年のコンテンツコントロール
を右クリックします。
⑩コンテンツコントロールの削
除（E）をクリックします。
⑪同様に、要約と日付のコンテ
ンツコントロールを削除します。

表紙が挿入できました。

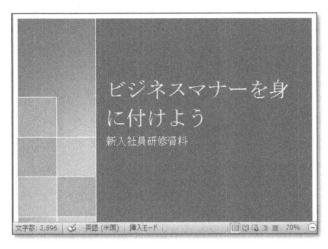

タスク

次のように書式を設定しましょう。

◆タイトル

フォント	:HGP ゴシック M
フォントサイズ	:50 ポイント

◆作成者・会社

フォント	:HGP ゴシック M
フォントサイズ	:18 ポイント

◆サブタイトル

フォントサイズ	:28 ポイント
フォントの色	:赤、アクセント 2
太字	

改ページの挿入

参考1 第2章から次のページに表示されるように改ページを挿入しましょう。

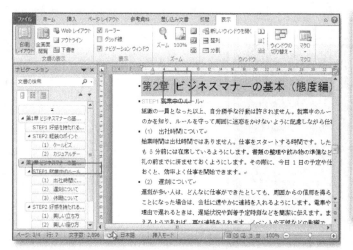

①ナビゲーションウィンド
ウの「第2章 ビジネス、
マナーの基本（態度編）」
をクリックします。
②カーソルが「第2章」の
後ろに表示されていること
を確認します。
③ [Ctrl] + [Enter] を押します。

改ページされます。

その他の方法（改ページの挿入）

参考 2　改ページを挿入する位置にカーソルを移動➡「挿入」タブ➡「ペー
ジ」グループの ［ページ区切り］ （ページ区切り）

タスク

「STEP3 退社時のマナー」から次のページに表示されるように改ページを挿入し
ましょう。

3.8 ヘッダーとフッターを作成する

「ヘッダー」はページの上部、「フッター」はページの下部にある余白部分の領域で、ページ番号や日付、文書のタイトルなどの文字、会社のロゴやグラフィックなどを挿入できます。ヘッダーやフッターは特に指定しない限り、すべてのページに同じ内容が表示されますが、奇数ページと偶数ページで別指定することもできます。また、表紙がある文書の場合は、先頭ページのみ別指定することもできます。

ヘッダーやフッターは、あらかじめ Word が組み込みスタイルとして図形や書式などを組み合わせたパーツを用意しています。自分で作成することもできますが、組み込みスタイルを使うと、見栄えのするヘッダーやフッターが簡単に作成できます。

3.8.1 ヘッダーの挿入

組み込みスタイル「アルファベット」を使って、ヘッダーに文書のタイトルを挿入しましょう。

◆組み込みスタイル「アルファベット」で設定できるヘッダー

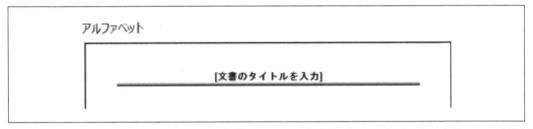

通常、ヘッダーとフッターは、文書内で共通の内容を表示しますが、奇数ページと偶数ページで個別に設定することができます。その場合、奇数、偶数のそれぞれのページにヘッダーを設定する必要があります。

奇数ページに罫線だけを表示し、偶数ページに罫線と文書のタイトルを表示させましょう。

①表紙の次のページにカーソルを移動します。
②挿入タブを選択します。
③ヘッダーとフッターグループの ヘッダー ▾ （ヘッダー）をクリックします。
④組み込みのアルファベットをクリックします。

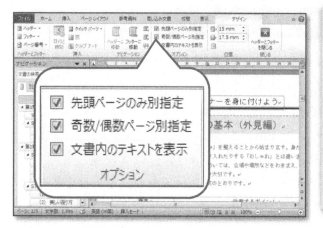

ヘッダーが挿入され、表紙に入力したタイトル「ビジネスマナーを身に付けよう」が表示されます。

※リボンにデザインタブが表示され、自動的にデザインタブに切り替わります。

⑤オプショングループの奇数／偶数ページ別指定を☑にします。

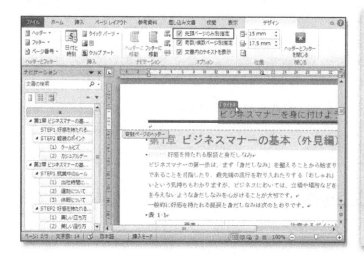

奇数ページのヘッダーと表示されます。

※表紙を挿入すると、先頭ページのみ別指定が☑になります。そのため2ページ目が1ページ目として認識されます。

文書のタイトルを削除します。

⑥タイトルを選択します。

⑦ Delete を押します。

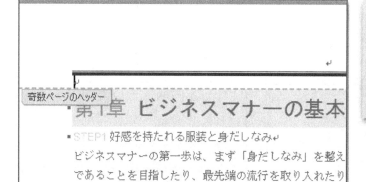

余分な行を削除します。

⑧ヘッダーの最終行の ↵ を選択します。

⑨ Delete を押します。

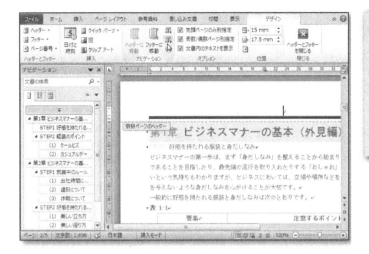

偶数ページにヘッダーを挿
入します。
⑩ナビゲーショングループ
の ▣ (次へ)をクリック
します。

偶数ページのヘッダーが
表示されます。
⑪ヘッダーとフッター
グループの 🗏 ヘッダー ▾
(ヘッダー)をクリック
します。
⑫アルファベットをク
リックします。

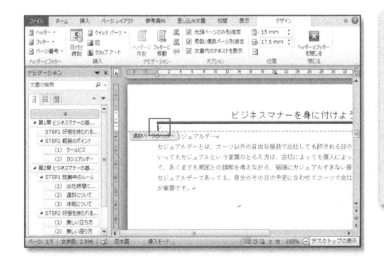

偶数ページにヘッダーに
文書のタイトルが表示さ
れます。
余分な行を削除します。
⑬ヘッダーの最終行の
┙ を選択します。
⑭ Delete を押します。

先頭ページのみ別設定

ヘッダーとフッターは、先頭ページだけ別に設定することができます。表紙のある文書の場合は、ヘッダーとフッターを先頭ページに表示させないようにしましょう。

◆「デザイン」タブ→「オプション」グループの「☑先頭ページのみ別設定」

※表紙の挿入で表紙を作成した場合は、自動的に「先頭ページのみ別設定」が☑になります。

偶数ページの文書のタイトルに次の書式を設定しましょう。

フォントサイズ	: 11 ポイント
右揃え	

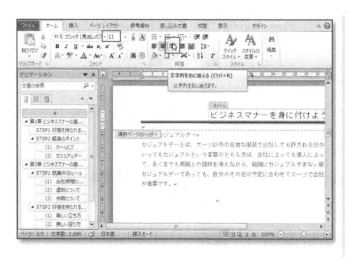

①偶数ページのヘッダーが表示されていることを確認します。
②タイトルを選択します。
③ホームタブをクリックします。
④フォントグループの 11 ▼ （フォントサイズ）が 11 であることを確認します。
⑤段落グループの ≡ （文字列を右に備える）をクリックします。

文書のタイトルの書式が変更されます。

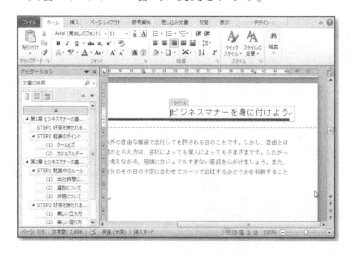

3.8.2 フッターの挿入

　組み込みスタイル「アルファベット」を使って、フッターにページ番号を挿入しましょう。奇数ページはページの左側に表示します。

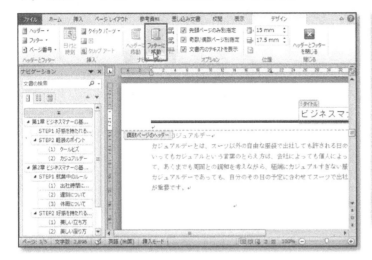

①偶数ページのヘッダーが表示されていることを確認します。
②デザインタブを選択します。
③ナビゲーショングループの　（フッターに移動）をクリックします。

偶数ページのフッターが表示されます。
④ヘッダーとフッターグループの　フッター▼（フッター）をクリックします。
⑤アルファベットをクリックします。

偶数ページのフッターが挿入されます。

［テキストを入力］を削除します。

⑥［テキストを入力］を選択します。

⑦ Delete を押します。

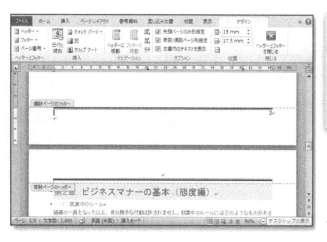

不要な行を削除します。

⑧フッターの最終行の↵を選択します。

⑨ Delete を押します。

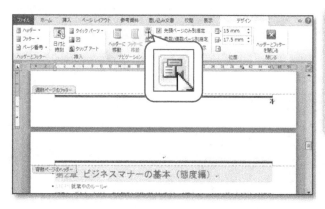

奇数ページのフッターを挿入します。

⑩ ナビゲーション グループの 🖳 （前へ）をクリックします。

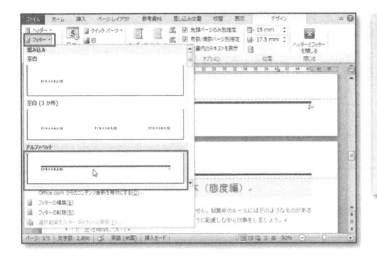

奇数ページのフッターが
表示されます。
⑪ヘッダーとフッターグ
ループの フッター ▼ （フッ
ター）をクリックします。
⑫アルファベットをク
リックします。

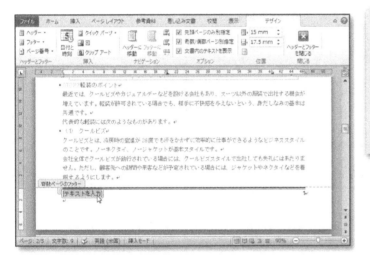

奇数ページのフッターが
挿入されます。
⑬手順⑥～⑨を参考して、
［テキストを入力］と不
要な行を削除します。

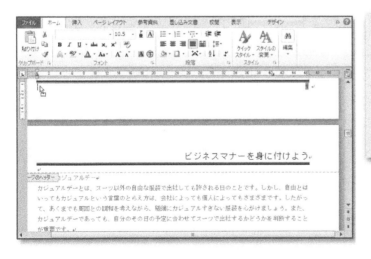

ページ番号の位置を左端
に変更します。
⑭ページ番号を選択し、
左端までをドラッグしま
す。

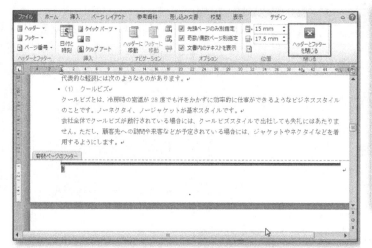

ページ番号の位置が左端に変更されます。

ヘッダーとフッターの編集を終了します。

⑮ 閉じるグループの （ヘッダーとフッターを閉じる）をクリックします。

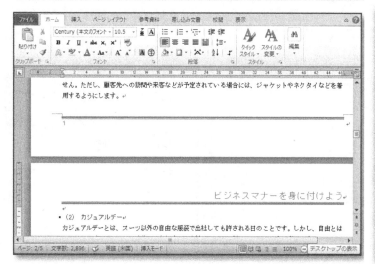

ヘッダーとフッターの編集が終了します。

※ヘッダーとフッターが奇数、偶数ページに正しく表示されているか確認しておきましょう。

※文書に「第3章 長文の作成-1 完成」という名前を付けてフォルダー「第3章」に保存しておきましょう。

📚 ヘッダーとフッターの位置の調整

参考

ヘッダーとフッターの位置を用紙の端からの距離で調整できます。ヘッダーとフッターの位置を調整する方法は次の通りです。

◆ヘッダーまたはフッターを表示➡「デザイン」タブ➡「位置」グループの 15 mm （上からのヘッダー位置）または 17.5 mm （下からのフッター位置）を設定

3.9 目次を作成する

　見出しのスタイルが設定されている項目を抜き出して、「目次」を作成できます。項目やページ番号を入力する手間が省け、入力ミスを防ぐことができるので便利です。目次を作成すると、見出しのスタイルを参照する「フィールドコード」が挿入されます。
　目次を作成する手順は、次の通りです。

1	見出しスタイルの設定

　　　　目次にする見出しに、見出しスタイルを設定します。

2	目次の作成

　見出しスタイルの設定されている項目を抜き出して目次を作成します。
※目次のスタイルを選択して作成することもできます。

　見出しスタイルの設定されている項目を抜き出して目次を作成しましょう。

　フォルダー「第3章」の文書「第3章 長文の作成 -2」を開いておきましょう。

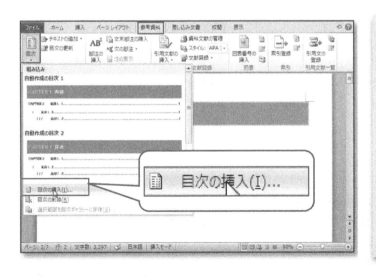

①2ページ目の「目次」の下の行にカーソルを移動します。
②参考資料タブを選択します。
③目次グループの（目次）をクリックします。
④　目次の挿入（I）をクリックします。

目次ダイアログボックスが表示されます。
⑤目次タブを選択します。
⑥ページ番号を表示する（S）が☑になっていることを確認します。
⑦ページ番号を右揃えにする（R）が☑になっていることを確認します。
⑧書式（T）の ▼ をクリックし、一覧から クラシック を選択します。
⑨タブリーダー（B）の ▼ をクリックし、一覧から ─── を選択します。
⑩アウトラインレベル（L）が 3 になっていることを確認します。
⑪ OK をクリックします。

目次が作成されます。

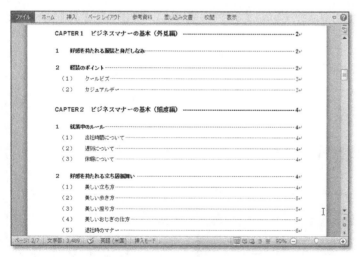

作成された目次の部分を「目次フィールド」といいます。目次フィールドをクリックすると、その見出しにジャンプできます。

目次フィールド「Capter2 ビジネスマナーの基本（態度編）」をクリックして画面の表示を切り替えましょう。

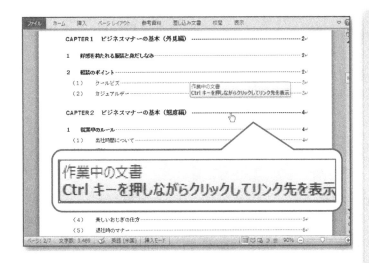

①「Capter2 ビジネスマナーの基本（態度編）」をポイントし、ポップヒントに作業中の文書と表示されることを確認します。
② Ctrl を押しながら、クリックします。
Ctrl を押している間、マウスポインターの形が 🖐 に変わります。

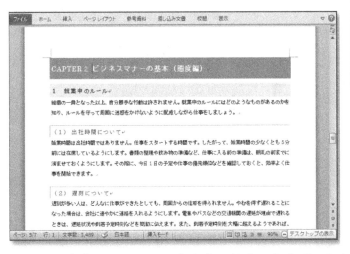

③本文中の見出し「Capter2 ビジネスマナーの基本（態度編）」が表示されます。

　目次を作成したあとで、本文中の見出しを変更したり、ページ数を更新したりした場合は、目次を更新する必要があります。

　「(5) 退社時のマナー」の見出しを更新し、目次を更新しましょう。

ナビゲーションウィンドウを表示します。
①表示タブを選択します。
②ナビゲーションウィンドウを☑にします。
③ナビゲーションウィンドウの「(5) 退社時のマナー」を右クリックします。
④レベル上げ（M）をクリックします。

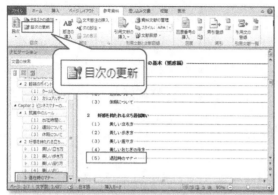

レベルが1段階上がり、見出しが「3 退社時のマナー」に変更されます。目次を確認します。

⑤目次を表示します。

⑥目次に (5) 退社時のマナー と表示され、自動的に反映されていないことを確認します。

目次フィールドを更新します。

⑦参考資料タブを選択します。

⑧目次グループの 目次の更新 （目次の更新）をクリックします。

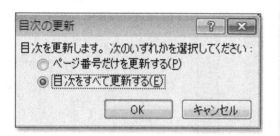

目次の更新ダイアログボックスが表示されます。

⑨目次をすべて更新する (E) を ◉ にします。

⑩ OK をクリックします

目次が更新されます。

その他の方法（目次の更新）

参考

◆目次フィールド内にカーソルを移動→ F9

完成図のような文書を作成しましょう。

 フォルダー「第3章 練習問題」を開いておきましょう。

●完成図

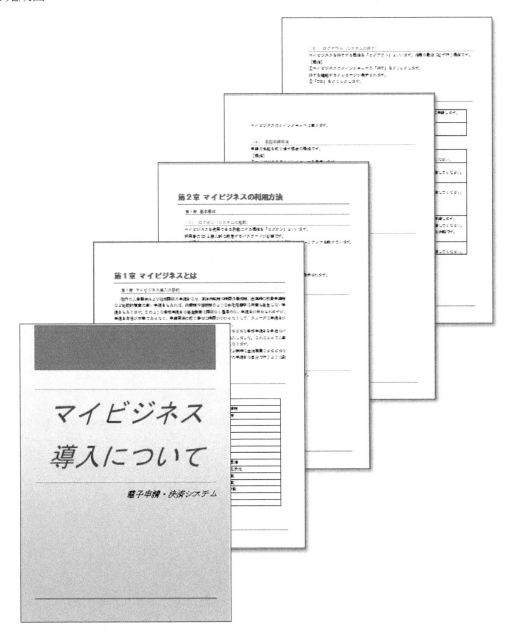

1. 次のように見出しを設定しましょう。

ページ	行数	内容	見出しのレベル
1ページ	1行目	マイビジネスとは	見出し1
	2行目	マイビジネス導入の目的	見出し2
	15行目	マイビジネスのメニュー構成	
2ページ	1行目	マイビジネスの利用方法	見出し1
	2行目	基本操作	見出し2
	3行目	ログオン（システムの起動）	見出し3
	13行目	ログアウト（システムの終了）	
	20行目	新規申請	
	31行目	申請内容参照	
3ページ	7行目	承認依頼取消	
	20行目	情報照会	
4ページ	1行目	申請時の注意点	見出し2

※行数を確認するには。ステータスバーを右クリック➡「行番号」をクリックします。

2. ナビゲーションウィンドウを使って、見出し「ログアウト（システムの終了）」を見出し「情報照会」の後ろに移動しましょう。

3. スタイルセット「トラディショナル」を適用しましょう。

4. 見出し1と見出し3のスタイルを次のように変更し、更新しましょう。

◆見出し1

```
フォント        ： HGS 創英角ゴシック UB
フォントサイズ： 20 ポイント
段落前の間隔    ： 6pt
```

◆見出し3

```
左インデント：1.5字
段落後の間隔 ：0pt
```

5. 見出し1から見出し3に次のアウトライン番号を設定しましょう。それぞれの番号に続く空白の扱いはスペースにします。

見出し1：第1章
見出し2：第1節
見出し3：(1)

6. 組み込みスタイル「標準」を使って、フッターにページ番号を挿入しましょう。

7. 組み込みスタイル「ニュース」を使って表紙を挿入し、次のように編集しましょう。

タイトル	：マイビジネス導入について
サブタイトル	：電子申請・決済システム
要約	：削除
日付を選択	：削除

第4章
数式や関数の利用

Excel のシートは、計算機能を備えているので、四則演算の数式や、Excel 独自の関数式を使って計算を行えます。数式は、決められたルールに従って、入力します。

この章では、関数を使って計算する方法を解説します。また、数式を入力する際、相対参照と絶対参照を使い分ける方法も解説します。最後に、よく利用される関数を説明します。

毎章一語

移木の信

意味：約束を間違いなく実行すること。

注釈：中国秦の商鞅が法律を改正し施行するにあたり、人民が信じないのではないかと危ぶんで、都の南門に大木を立て「この木を北門に移す者がいたら十金を与えよう」という触れを出した。果たせるかな人民は疑って木を移す者は一人もいなかったため、賞金を五十金 に増やしたところ、ひとりの男が木を移したので、約束通り五十金を与えて、政府が約束を違えず、人民欺かないものだということを実証してみせたという故事から。

出典：『史記』

類語：一諾千金

次のようなブックを作成しましょう。

入社試験成績

氏名	必須科目		選択科目		総合ポイント
	一般常識	小論文	外国語A	外国語B	
大橋 弥生	68	79		61	208
北川 翔	94	44		90	228
粟林 良子	81	83	70		234
近藤 信太郎	73	65		54	192
里山 仁	35	69	65		169
城田 杏子	79	75	54		208
瀬川 翔太	44	65	45		154
田之上 慶介	98	78	67		243
築山 和明	77	75		72	224
時岡 かおり	85	39	56		180
中野 修一郎	61	70	78		209
野村 幹夫	79	100	67		246
袴田 吾郎	81	85		89	255
東野 徹	79	57	38		174
保科 真治		97	70		167
町田 優	56	46	56		158
村岡 夏美	94	85		77	256
平均点	74.0	71.3	60.5	73.8	206.2
最高点	98	100	78	90	256
最低点	35	38	38	54	154

外国語A受験者数	11
外国語B受験者数	6
申込者総数	17

COUNT 関数

COUNTA 関数

AVERAGE 関数

MAX 関数

MIN 関数

アルバイト週給計算

名前	時給	9月6日 月	9月7日 火	9月8日 水	9月9日 木	9月10日 金	週勤務時間	週給
佐々木 健太	¥1,350	7.0	7.0	7.5	7.0	7.0	35.5	¥47,925
大野 英子	¥1,350	5.0		5.0		5.0	15.0	¥20,250
花田 真理	¥1,300	5.5	5.5	7.0	5.5	6.5	30.0	¥39,000
野村 剛史	¥1,300		6.0		6.0		12.0	¥15,600
吉沢 あかね	¥1,300	7.5	7.5	7.5	7.5		30.0	¥39,000
宗川 純一	¥1,250	7.0	7.0	6.5		6.5	27.0	¥33,750
竹内 彬	¥1,100				8.0	8.0	16.0	¥17,600

相対参照の
数式の入力

アルバイト週給計算

時給	¥1,300

名前	9月6日 月	9月7日 火	9月8日 水	9月9日 木	9月10日 金	週勤務時間	週給
佐々木 健太	7.0	7.0	7.5	7.0	7.0	35.5	¥46,150
大野 英子	5.0		5.0		5.0	15.0	¥19,500
花田 真理	5.5	5.5	7.0	5.5	6.5	30.0	¥39,000
野村 剛史		6.0		6.0		12.0	¥15,600
吉沢 あかね	7.5	7.5	7.5	7.5		30.0	¥39,000
宗川 純一	7.0	7.0	6.5		6.5	27.0	¥35,100
竹内 彬				8.0	8.0	16.0	¥20,800

絶対参照の
数式の入力

ROUNDDOWN 関数

ROUND 関数

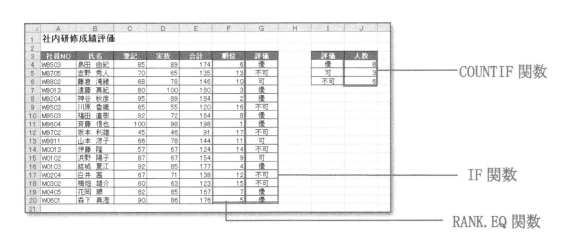

COUNTIF 関数

IF 関数

RANK.EQ 関数

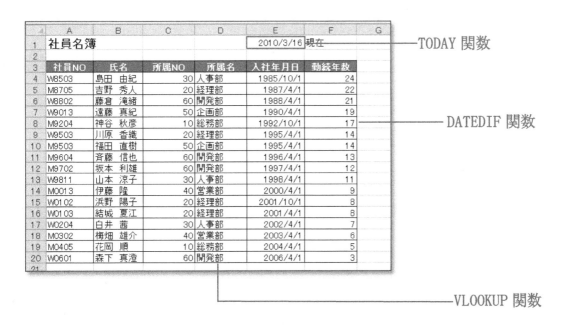

TODAY 関数

DATEDIF 関数

VLOOKUP 関数

4.2.1 「関数」とは

「関数」とは、あらかじめ定義されている数式です。演算記号を使って数式を入力する代わりに、括弧内に必要な引数を指定することによって、計算を行います。

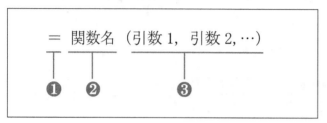

❶先頭に「=(等号)」を入力します。

❷関数名を入力します。

※関数名は、英大文字で入力しても英小文字で入力してもかまいません。

❸引数を括弧で囲み、各引数は「,(カンマ)」で区切ります。

※関数によって、指定する引数は異なります。

4.2.2 関数の入力する方法

関数を入力する方法には、次のようなものがあります。

◆ $\boxed{\Sigma \cdot}$ (合計 S) を使う

次の関数は、$\boxed{\Sigma \cdot}$ (合計 S) を使うと、関数名やカッコが自動的に入力され、引数も簡単に指定できます。

関数名	機能
SUM	合計を求める
AVERAGE	平均を求める
COUNT	数値の個数を数える
MAX	最大値を求める
MIN	最小値を求める

◆ （関数の挿入）を使う

　数式バーの　　（関数の挿入）を使うと、ダイアログボックス上で関数や引数の説明を確認しながら、数式を入力できます。

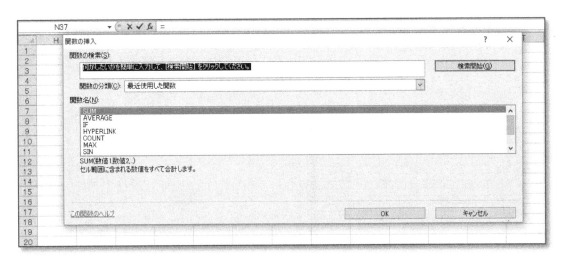

◆キーボードから直接入力する

　セルに関数を直接入力できます。引数に何を指定すればよいかわかっている場合には、直接入力した方が効率的な場合があります。

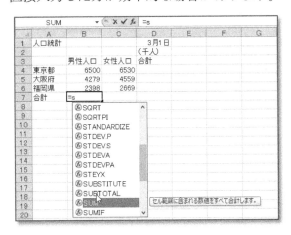

4.2.3 関数の入力

　それぞれの方法で、AVERAGE 関数を入力してみましょう。

　フォルダー「第4章」のブック「数式の入力-1」のシート「Sheet1」を開いておきましょう。

◆ $\boxed{\Sigma\ \blacktriangledown}$ (合計 S) を使う

$\boxed{\Sigma\ \blacktriangledown}$ (合計 S) を使って、関数を入力しましょう。

セル【B22】に「一般常識」の「平均点」を求めましょう。

①セル【B22】をクリックします。
②ホームタブを選択します。

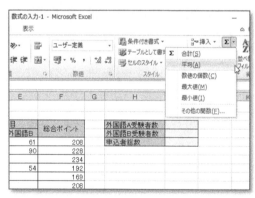

③編集グループの $\boxed{\Sigma\ \blacktriangledown}$ (合計 S) の $\boxed{\blacktriangledown}$ をクリックします。
④平均 (A) をクリックします。

⑤数式バーに「 =AVERAGE (B20:B21)」と表示されていることを確認します。

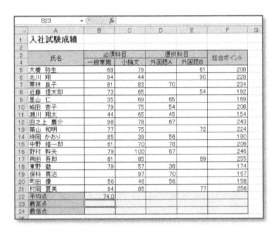

引数のセル範囲を修正します。

⑥セル範囲【B5：B21】を選択します。

⑦数式バーに「=AVERAGE(B5：B21)」
と表示されていることを確認します。

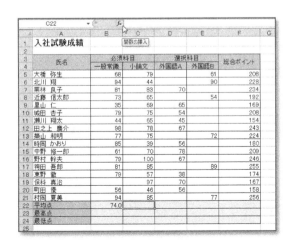

⑧ Enter を押します。

「平均点」が求められます。

※「平均点」欄には、あらかじめ小数点第
1位まで表示する表示形式が設定されていま
す。

◆ 𝒇𝒙（関数の挿入）を使う

𝒇𝒙（関数の挿入）を使って、関数を入力しましょう。

セル【C22】に「小論文」の「平均点」を求めましょう。

①セル【C22】をクリックします。

②数式バーの 𝒇𝒙（関数の挿入）をク
リックします。

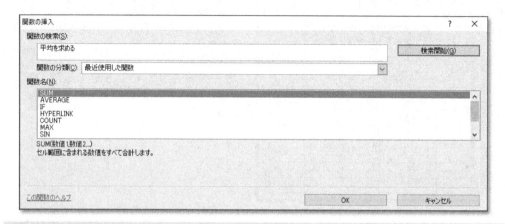

関数の挿入ダイアログボックスが表示されます。

③関数の検索（S）に「平均を求める」と入力します。

④ [検索開始(G)] をクリックします。

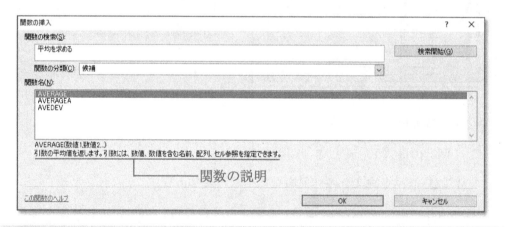

————関数の説明

関数名（N）の一覧に検索のキーワードに関連する関数が表示されます。

⑤関数名（N）の一覧から[AVERAGE]を選択します。

⑥関数の説明を確認します。

⑦ [OK] をクリックします。

関数の引数

AVERAGE

数値1 [C5:C21]　　　　　　　　　　　　　　　　　　 = {79;44;83;65;69;75;65;78;75;39;70;100;85;57;97;46;85}

数値2 　　　　　　　　　　　　　　　　　　　　　　 = 数値

引数に格納されている数 ―――

計算結果の数値
（セルに格納される
実際の数値）

= 71.29411765 ――

引数の平均値を返します。引数には、数値、数値を含む名前、配列、セル参照を指定できます。

数値1: 数値1,数値2...には平均を求めたい数値を、1 から 255 個まで指定します。

計算結果の数値
（シートに表示される数値）

数式の結果 = 71.3 ――

この関数のヘルプ(H)　　　　　　　　　　　　　　　　　　　　　　　　 OK　　　　　キャンセル

関数の引数ダイアログボックスが表示されます。

⑧数値 1 が [C5:C21] になっていることを確認します。

⑨引数に格納されている数値や計算結果の数値を確認します。

⑩ 数式バーに「=AVERAGE(C5:C21)」
と表示されていることを確認します。

⑪ OK をクリックします。

「平均点」が求められます。

	必須科目		選択科目		
氏名	一般常識	小論文	外国語A	外国語B	総合ポイント
大橋 弥生	68	79		61	208
北川 翔	94	44		90	228
栗林 良子	81	83	70		234
近藤 信太郎	73	65		54	192
里山 仁	35	69	65		169
城田 杏子	79	75	54		208
瀬川 翔太	44	65	45		154
田之上 鷹介	98	78	67		243
築山 和明	77	75		72	224
時岡 かおり	85	39	56		180
中野 修一郎	61	70	78		209
野村 幹夫	79	100	67		246
袴田 吾郎	81	85		89	255
東野 徹	79	57	38		174
保科 真治		97	70		167
町田 僕	56	46	56		158
村岡 夏美	94	85		77	256
平均点	74.0	71.3			
最高点					
最低点					

その他の方法（関数の挿入）

◆「ホーム」タブ→編集グループの Σ▾ （合計 S）の ▾ →「その他の関数」

◆「数式」タブ→「関数ライブラリ」グループの $\frac{fx}{関数の挿入}$ （関数の挿入）

◆ Shift + F3

◆キーボードから直接入力する

セルに関数を直接入力しましょう。

セル【D22】に「外国語 A」の「平均点」を求めましょう。

	A	B	C	D	E	F	G
	入社試験成績						
1							
2							
3	氏名	必須科目		選択科目		総合ポイント	
4		一般常識	小論文	外国語A	外国語B		
5	大橋 弥生	68	79		61	208	
6	北川 翔	94	44		90	228	
7	栗林 良子	81	83	70		234	
8	近藤 信太郎	73	65		54	192	
9	里山 仁	35	69	65		169	
10	城田 杏子	79	75	54		208	
11	瀬川 翔太	44	65	45		154	
12	田之上 慶介	98	78	67		243	
13	築山 和明	77	75		72	224	
14	時岡 かおり	85	39	56		180	
15	中野 修一郎	61	70	78		209	
16	野村 幹夫	79	100	67		246	
17	袴田 吾郎	81	85		89	255	
18	東野 徹	79	57	38		174	
19	保科 真治		97	70		167	
20	町田 優	56	46	56		158	
21	村岡 夏美	94	85		77	256	
22	平均点	74.0	71.3	=			
23	最高点						
24	最低点						
25							

①セル【D22】をクリックします。
②「=」を入力します。

	A	B	C	D	E	F	G
	入社試験成績						
1							
2							
3	氏名	必須科目		選択科目		総合ポイント	
4		一般常識	小論文	外国語A	外国語B		
5	大橋 弥生	68	79		61	208	
6	北川 翔	94	44		90	228	
7	栗林 良子	81	83	70		234	
8	近藤 信太郎	73	65		54	192	
9	里山 仁	35	69	65		169	
10	城田 杏子	79	75	54		208	
11	瀬川 翔太	44	65	45		154	
12	田之上 慶介	98	78	67		243	
13	築山 和明	77	75		72	224	
14	時岡 かおり	85	39	56		180	
15	中野 修一郎	61	70	78		209	
16	野村 幹夫	79	100	67		246	
17	袴田 吾郎				89	255	
18	東野 徹			38			
19	保科 真治			70		167	
20	町田 優			56		158	
21	村岡 夏美					256	
22	平均点	74.0	71.3	=A			
23	最高点						
24	最低点						
25							
26							
27							

=A

ABS
ACCRINT
ACCRINTM
ACOS
ACOSH
ADDRESS
AGGREGATE
AMORDEGRC
AMORLINC
AND
AREAS
ASC

③「=」に続けて「A」を入力します。
※関数名は大文字でも小文字でもかまいません。

「A」で始まる関数名が一覧で表示されます。

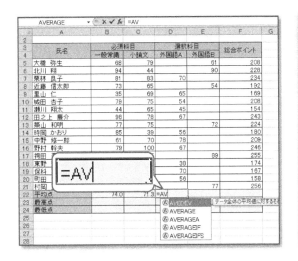

④「=A」に続けて「V」を入力します。「AV」で始まる関数名が一覧で表示されます。

⑤一覧の AVERAGE をクリックします。ポップヒントに関数の説明が表示されます。

⑥一覧の AVERAGE をダブルクリックします。

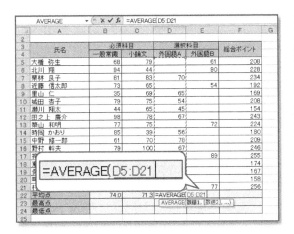

=AVERAGE(まで自動的に入力されます。

⑦ =AVERAGE(の後ろにカーソルがあることを確認し、セル範囲【D5:D21】を選択します。

=AVERAGE(D5:D21 まで自動的に入力されます。

⑧ =AVERAGE(D5:D21 の後ろにカーソルがあることを確認し、「)」を入力します。

⑨数式バーに =AVERAGE(D5:D21) と表示されていることを確認します。

⑩ [Enter] を押します。

「平均点」が求められます。

氏名	必須科目		選択科目		総合ポイント
	一般常識	小論文	外国語A	外国語B	
大橋 弥生	68	79		61	208
北川 翔	94	44		90	228
栗林 良子	81	83	70		234
近藤 信太郎	73	65		54	192
里山 仁	35	69	65		169
城田 杏子	79	75	54		208
瀬川 翔太	44	65	45		154
田之上 慶介	98	78	67		243
築山 和明	77	75		72	224
時岡 かおり	85	39	56		180
中野 修一郎	61	70	78		209
野村 幹夫	79	100	67		246
袴田 吾郎	81	85		89	255
東野 徹	79	57	38		174
保科 真治		97	70		167
町田 優	56	46	56		158
村岡 夏美	94	85		77	256
平均点	74.0	71.3	60.5		
最高点					
最低点					

4.3 いろいろな関数を利用する

4.3.1 MAX 関数 (最大値を求める)

SUM 関数や AVERAGE 関数の他にも、Excel には便利な関数が数多く用意されています。基本的な関数を確認しましょう。

「MAX 関数」を使うと、最大値を求めることができます。

引数の数値の中から最大値を返します。

$$=MAX（\underset{引数1}{数値1,} \underset{引数2}{数値2,} \cdots）$$

※引数には、対象のセルやセル範囲、数値などを指定します。

[Σ ▾] (合計 S) を使って、セル【B23】に関数を入力し、「一般常識」の「最高点」を求めましょう。

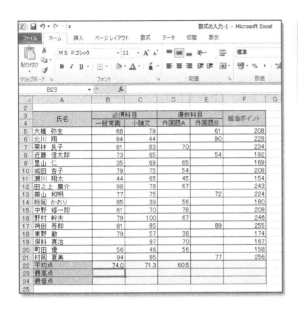

①セル【B23】をクリックします。
②ホームタブを選択します。

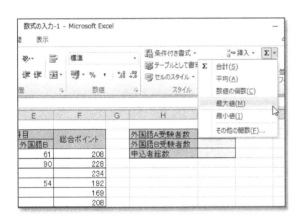

③編集グループの $\boxed{\Sigma \cdot}$ (合計 S) の

$\boxed{\cdot}$ をクリックします。

④最大値 (M) をクリックします。

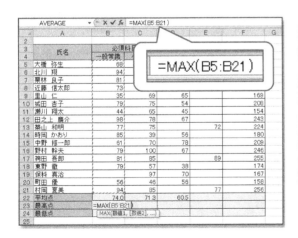

⑤数式バーに $\boxed{=MAX(B20:B22)}$ と表示
されていることを確認します。
引数のセル範囲を修正します。
⑥セル範囲【B5:B21】を選択します。
⑦数式バーに $\boxed{=MAX(B5:B21)}$ と表示
されていることを確認します。

氏名	必須科目		選択科目		総合ポイント
	一般常識	小論文	外国語A	外国語B	
大橋 弥生	68	79		61	208
北川 翔	94	44		90	228
栗林 良子	81	83	70		234
近藤 信太郎	73	65		54	192
里山 仁	35	69	65		169
城田 杏子	79	75	54		208
瀬川 翔太	44	65	45		154
田之上 慶介	98	78	67		243
築山 和明	77	75		72	224
時岡 かおり	85	39	56		180
中野 修一郎	61	70	78		209
野村 幹夫	79	100	67		246
袴田 吾郎	81	85		89	255
東野 徹	79	57	38		174
保科 真治		97	70		167
町田 優	56	46	56		158
村岡 夏美	94	85		77	256
平均点	74.0	71.3	60.5		
最高点	98				
最低点					

⑧ Enter を押します。

「最高点」が求められます。

4.3.2 MIN 関数 (最小値を求める)

「MIN 関数」を使うと、最小値を求めることができます。

引数の数値の中から最大値を返します。

=MIN (数値1, 数値2, …)

引数1　　引数2

※引数には、対象のセルやセル範囲、数値などを指定します。

Σ ▼ (合計 S) を使って、セル【B24】に関数を入力し、「一般常識」の「最低点」を求めましょう。

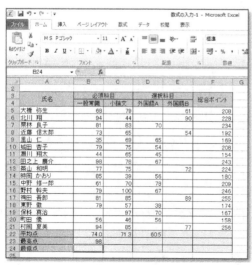

①セル【B24】をクリックします。
②ホームタブを選択します。

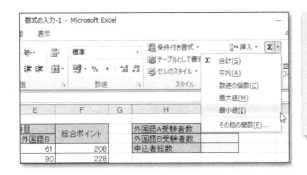

③編集グループの $\boxed{\Sigma \, \text{▾}}$（合計 S）の

$\boxed{\text{▾}}$ をクリックします。

④最小値（I）をクリックします。

⑤数式バーに $\boxed{\text{=MIN(B5:B21)}}$ と表示されていることを確認します。

引数のセル範囲を修正します。

⑥セル範囲【B5:B21】を選択します。

⑦数式バーに $\boxed{\text{=MIN(B20:B23)}}$ と表示されていることを確認します。

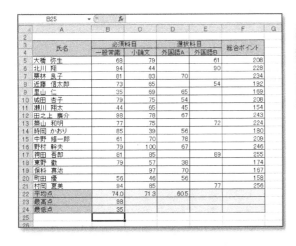

⑧ $\boxed{\text{Enter}}$ を押します。

「最低点」が求められます。

4.3.3 COUNT 関数 (数値の個数を求める)

「COUNT 関数」を使うと、指定した範囲内にある数値の個数を求めることができます。

引数の中に含まれる数値の個数を返します。

> ＝COUNT （数値 1, 数値 2, …）
>
> 引数 1　　　　引数 2

※引数には、対象のセルやセル範囲、数値などを指定します。

$\boxed{\Sigma \ \cdot}$ （合計 S) を使って、セル【I3】に関数を入力し、「外国語 A 受験者数」を求めましょう。

「外国語 A 受験者数」は、セル範囲【D5:D21】から数値の個数を数えて求めましょう。

①セル【I3】をクリックします。
②ホームタブを選択します。

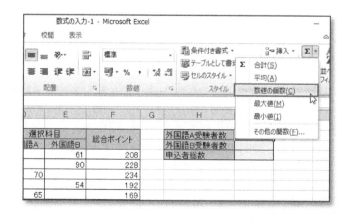

③編集グループの $\boxed{\Sigma \ \cdot}$ （合計 S) の $\boxed{\cdot}$ をクリックします。
④数値の個数 （C) をクリックします。

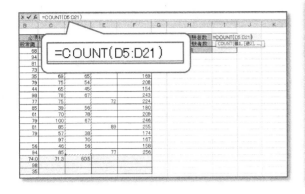

⑤数式バーに =COUNT() と表示されていることを確認します。
引数のセル範囲を選択します。
⑥セル範囲【D5:D21】を選択します。
⑦数式バーに = COUNT (D5:D21) と表示されていることを確認します。

	必須科目		選択科目		総合ポイント		外国語A受験者数	11
	一般常識	小論文	外国語A	外国語B			外国語B受験者数	
	68	79			61	208	申込者総数	
	94	44			90	228		
	81	83	70			234		
	73	65			54	192		
	35	69	65			169		
	79	75		54		208		
	44	65	45			154		

⑧ Enter を押します。

「外国語A受験者数」が求められます。

4.3.4 COUNTA 関数 (データの個数を求める)

「COUNTA 関数」を使うと、指定した範囲内のデータ (数値や文字列) の個数を求めることができます。

引数の中に含まれるデータの個数を返します。
空白セルは数えられません。

$$=COUNTA\ (\underline{値1},\ \underline{値2},\ \cdots)$$

引数1 引数2

※引数には、対象のセルやセル範囲などを指定します。

キーボードから関数を直接入力し、セル【I5】に「申込者総数」を求めましょう。
「申込者総数」は、セル範囲【A5:A21】からデータの個数を数えて求めます。

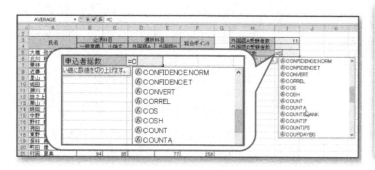

①セル【I5】をクリックします。
②「=C」を入力します。「C」で始まる関数が一覧で表示されます。
③一覧の「COUNTA」をダブルクリックします。

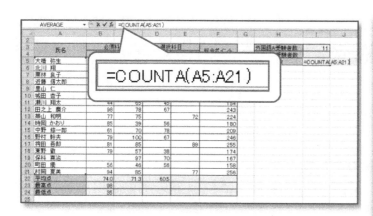

「=COUNTA(」まで自動的に入力されます。
④セル範囲【A5:A21】を選択します。
⑤「)」を入力します。
⑥数式バーに`=COUNTA(A5:A21)`と表示されていることを確認します。

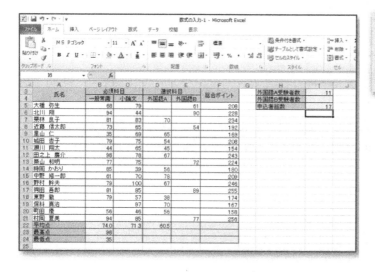

⑦Enterを押します。
「申込者総数」が求められます。

参考

オートカルク

　「オートカルク」は、選択したセル範囲の合計や平均などをステータスバーに表示する機能です。関数を入力しなくても、セル範囲を選択するだけで計算結果を確認できます。

　ステータスバーを右クリックすると表示される一覧で、表示する項目を☑にすると、「最大値」「最小値」「数値の個数」をステータスバーに追加できます。

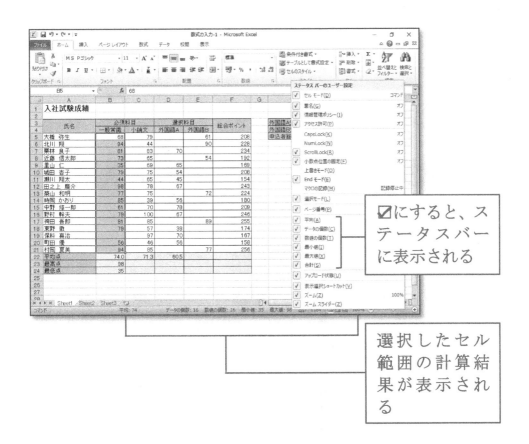

☑にすると、ステータスバーに表示される

選択したセル範囲の計算結果が表示される

1. セル【D22】に入力されている数式を、セル【E22:F22】にコピーしましょう。

ヒント：セル【D22】を選択し、セル右下の■（フィルハンドル）をセル【F22】
　　　　までドラッグ

2. セル範囲【B23:B24】に入力されている数式を、セル範囲【C23:F24】にコピー
しましょう。

ヒント：セル範囲【B23:B24】を選択し、セル範囲右下の■（フィルハンドル）
　　　　をセル【F24】までドラッグ

3. セル【I4】に「外国語 B 受験者数」を求めましょう。

ヒント：「外国語 B 受験者数」は、セル範囲【E5:E21】から数値の個数を数え
　　　　て求める

4.4 相対参照と絶対参照

4.4.1 セルの参照

　数式は「=A1*A2」のように、セルを参照して入力するのが一般的です。セルの参照には、「相対参照」と「絶対参照」があります。

◆ 相対参照

　「相対参照」は、セルの位置を相対的に参照する形式です。数式をコピーすると、セルの参照は自動的に調整されます。

　図のセル【D2】に入力されている「=B2*C2」の「B2」や「C2」は相対参照です。数式をコピーすると、コピーの方向に応じて、「=B3*C3」「=B4*C4」のように自動的に調整されます。

	A	B	C	D	
1	商品名	定価	掛け率	販売価格	
2	スーツ	¥56,000	80%	¥44,800	=B2*C2
3	コート	¥75,000	60%	¥45,000	=B3*C3
4	シャツ	¥15,000	70%	¥10,500	=B4*C4

◆ 絶対参照

　「絶対参照」は、特定の位置にあるセルを必ず参照する形式です。数式をコピーしても、セルの参照は固定されたままで調整されません。セルを絶対参照にするには、「$」を付けます。

　図のセル【C4】に入力されている「=B4*$B$1」の「$B$1」は絶対参照です。数式をコピーしても、「=B5*$B$1」「=B6*$B$1」のように「$B$1」は常に固定で調整されません。

	A	B	C	
1	掛け率	70%		
2				
3	商品名	定価	販売価格	
4	スーツ	¥56,000	¥39,200	=B4*$B$1
5	コート	¥75,000	¥52,500	=B5*$B$1
6	シャツ	¥15,000	¥10,500	=B6*$B$1

4.4.2 相対参照

フォルダー「第 4 章」のブック「数式の入力-2」のシート「Sheet1」 を
開いておきましょう。

相対参照を使って、「週給」を求める数式を入力し、コピーしましょう。「週給」は、
「週勤務時間×時給」で求めます。

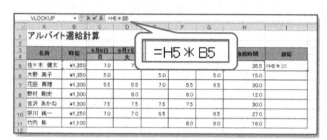

①セル【I5】をクリックします。
②「=」を入力します。
③セル【H5】をクリックします。
④「*」を入力します。
⑤セル【B5】をクリックします。
⑥数式バーに=H5*B5 と表示されていることを確認します。
⑦Enter を押します。
「週給」が求められます。

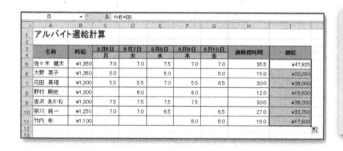

数式をコピーします。
⑧セル【I5】を選択し、セル右下の■（フィルハンドル）をダブルクリックします。

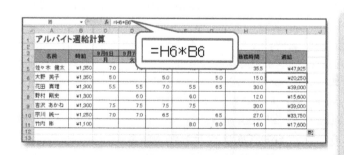

コピー先の数式を確認します。
⑨セル【I6】をクリックします。
⑩数式が=H6*B6 になり、セルの参照が自動的に調整されていることを確認します。

4.4.3 絶対参照

絶対参照を使って、「週給」を求める数式を入力し、コピーしましょう。「週給」は、「週勤務時間×時給」で求めます。

フォルダー「第4章」のブック「数式の入力-2」のシート「Sheet2」に切り替えておきましょう。

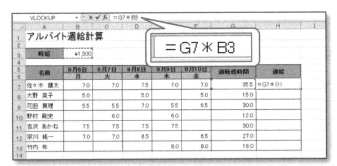

①セル【H7】をクリックします。
②「=」を入力します。
③セル【G7】をクリックします。
④「*」を入力します。
⑤セル【B3】をクリックします。
⑥数式バーに =G7*B3 と表示されていることを確認します。
⑦ F4 を押します。
⑧数式バーに =G7*$B$3 と表示されていることを確認します。

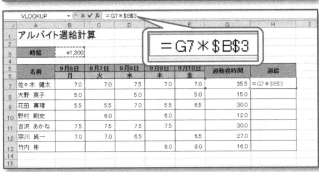

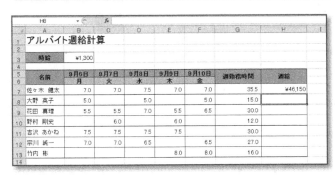

⑨ Enter を押します。

「週給」が求められます。

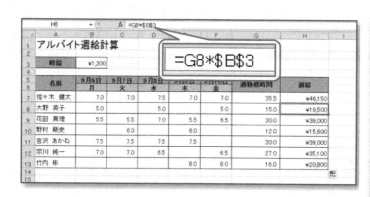

数式をコピーします。

⑩セル【H7】を選択し、セル
右下の■（フィルハンドル）
をダブルクリックします。

=G8*$B$3

コピー先の数式を確認し
ます。

⑪セル【H8】をクリック
します。

⑫数式が =G8*$B$3 にな
り、「$B$3」のセルの参
照が固定であることを確
認します。

Point

「$」の入力

「$」は直接入力してもかまいませんが、F4 を使う
と簡単に入力できます。

F4 を連続して押すと、「$B$3」（列行とも固定）、
「B$3」（行だけ固定）、「$B3」（列だけ固定）「B3」（固
定しない）の順番に切り替わります。

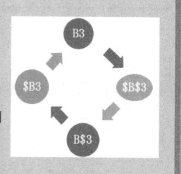

複合参照

参考 1　相対参照と絶対参照を組み合わせることができます。このようなセル
の参照を「複合参照」といいます。

例：列は絶対参照、行は相対参照

$A1

コピーすると、「$A2」「$A3」「$A4」…のように、列は固定で行は自動調整されます。

例：列は相対参照、行は絶対参照

$A1

コピーすると、「B$1」「C$1」「D$1」…のように、列は自動調整され、行は固定です。

絶対参照を使わない場合

参考 2　　セル【H7】の数式を絶対参照を使わずに相対参照で入力し、その数式
をコピーすると、次のようになり、目的の計算が行われません。

	A	B	C	D	E	F	G	H	
1	アルバイト週給計算								
2									
3	時給	¥1,300							=G7*B3
4									
5	名前	9月6日	9月7日	9月8日	9月9日	9月10日	週勤務時間	週給	
6		月	火	水	木	金			
7	佐々木 健太	7.0	7.0	7.5	7.0	7.0	35.5	¥46,150	=G8*B4
8	大野 英子	5.0		5.0		5.0	15.0	¥0	
9	花田 真理	5.5	5.5	7.0	5.5	6.5	30.0	¥1,212,810	=G10*B6
10	野村 剛史		6.0		6.0		12.0	#VALUE!	
11	吉沢 あかね	7.5	7.5	7.5	7.5		30.0	¥210	=G12*B8
12	宗川 純一	7.0	7.0	6.5		6.5	27.0	¥135	
13	竹内 彬				8.0	8.0	16.0	¥88	=G13*B9

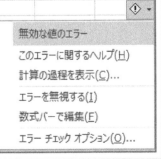

Point

エラーチェック

エラーのあるセルやエラーの可能性があるセ
ルには、⬥▾（エラーチェック）が表示されま
す。クリックすると、一覧が表示され、エラー
の原因を確認したり、エラーを修正したりでき
ます。

無効な値のエラー
このエラーに関するヘルプ(H)
計算の過程を表示(C)...
エラーを無視する(I)
数式バーで編集(F)
エラー チェック オプション(O)...

4.5.1 ROUND 関数 (数値の四捨五入)

「ROUND 関数」を使うと、指定した桁数で数値を四捨五入できます。

数値を指定した桁数で四捨五入した値を返します。

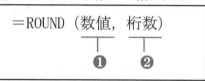

❶数値

　四捨五入の対象となる数値や数式、セルを指定します。

❷桁数

　小数点以下の桁数を指定します。

例：=ROUND(12345.678, 2) ➜ 12345.68

　　=ROUND(12345.678, 1) ➜ 12345.7

　　=ROUND(12345.678, 0) ➜ 12346

フォルダー「第 4 章」のブック「関数の利用 -1」のシート「特売価格」を開いておきましょう。

　E 列の「割引金額」の小数点以下が四捨五入されるように、数式を編集しましょう。

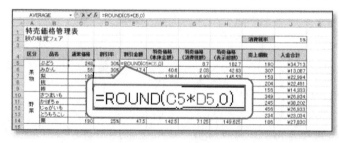

セルを編集状態にして、数式を編集します。

①セル【E5】をダブルクリックします。

②数式を =ROUND(C5*D5, 0) に修正します。

※数式バーの数式を編集してもかまいません。

③ Enter を押します。

特売価格管理表
秋の味覚フェア

E5　=ROUND(C5*D5,0)

区分	品名	通常価格	割引率	割引金額	特売価格(本体金額)	特売価格(消費税額)	特売価格(表示総額)	売上個数	入金合計
果物	ぶどう	248	30%	74	174	8.7	182.7	190	¥34,713
	みかん	58	30%	17.4	40.6	2.03	42.63	307	¥13,087
	梨	198	30%	59.4	138.6	6.93	145.53	158	¥22,994
	桃	150	30%	45	105	5.25	110.25	204	¥22,491
	柿	125	30%	37.5	87.5	4.375	91.875	156	¥14,333
野菜	さつまいも	98	25%	24.5	73.5	3.675	77.175	349	¥26,934
	かぼちゃ	198	25%	49.5	148.5	7.425	155.925	245	¥38,202
	じゃがいも	75	25%	18.75	56.25	2.8125	59.0625	456	¥26,933
	とうもろこし	125	25%	31.25	93.75	4.6875	98.4375	234	¥23,034
	栗	190	25%	47.5	142.5	7.125	149.625	186	¥27,830

小数点以下が四捨五入されます。
数式をコピーします。
④セル【E5】を選択し、セル右下の■(フィルハンドル)をダブルクリックします。

E5　=ROUND(C5*D5,0)

区分	品名	通常価格	割引率	割引金額	特売価格(本体金額)	特売価格(消費税額)	特売価格(表示総額)	売上個数	入金合計
果物	ぶどう	248	30%	74	174	8.7	182.7	190	¥34,713
	みかん	58	30%	17	41	2.05	43.05	307	¥13,216
	梨	198	30%	59	139	6.95	145.95	158	¥23,060
	桃	150	30%	45	105	5.25	110.25	204	¥22,491
	柿	125	30%	38	87	4.35	91.35	156	¥14,251
野菜	さつまいも	98	25%	25	73	3.65	76.65	349	¥26,751
	かぼちゃ	198	25%	50	148	7.4	155.4	245	¥38,073
	じゃがいも	75	25%	19	56	2.8	58.8	456	¥26,813
	とうもろこし	125	25%	31	94	4.7	98.7	234	¥23,096
	栗	190	25%	48	142	7.1	149.1	186	¥27,733

数式がコピーされます。
※E列の「割引金額」を参照しているセルは、自動的に再計算されます。

Point

関数の直接入力

　「=」に続けて、英字を入力すると、その英字で始まる関数名が一覧で表示されます。

　一覧の関数名をクリックすると、ポップヒントに関数の説明が表示されます。

　一覧の関数名をダブルクリックすると、自動的に関数が入力されます。

区分	品名	通常価格	割引率	割引金額	特売価格(本体金額)	特売価格(消費税額)	特売価格(表示総額)	売上個数
果物	ぶどう	248	30%	=RC05*D5	173.6	8.68	182.28	190
	みかん	58	30%			2.03	42.63	307
	梨	198	30%			6.93	145.53	158
	桃	150	30%			5.25	110.25	204
	柿	125	30%			4.375	91.875	156
野菜	さつまいも	98	25%					49
	かぼちゃ	198	25%			7.425	155.925	245
	じゃがいも	75	25%			2.8125	59.0625	456
	とうもろこし	125	25%			4.6875	98.4375	234
	栗	190	25%			7.125	149.625	186

ドロップダウン一覧:
REPT / RIGHT / RIGHTB / ROMAN / ROUND / ROUNDDOWN / ROUNDUP / ROW / ROWS / RSQ / RTD / RANK

ポップヒント: 数値を指定した桁数に四捨五入した値を返します。

4.5.2 ROUNDDOWN 関数・ROUNDUP 関数 (数値の切り捨て・切り上げ)

「ROUNDDOWN 関数」を使うと、指定した桁数で数値を切り捨てることができます。

「ROUNDUP 関数」を使うと、指定した桁数で数値を切り上げることができます。

◆ ROUNDDOWN 関数

数値を指定した桁数で切り捨てた値を返します。

❶数値

切り捨ての対象となる数値や数式、セルを指定します。

❷桁数

小数点以下の桁数を指定します。

例：=ROUNDDOWN(12345.678,2) ➡ 12345.67

=ROUNDDOWN(12345.678,0) ➡ 12345

◆ ROUNDUP 関数

数値を指定した桁数で切り上げた値を返します。

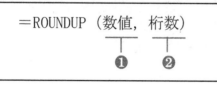

❶数値

切り上げの対象となる数値や数式、セルを指定します。

❷桁数

小数点以下の桁数を指定します。

例：=ROUNDUP(12345.123,2) ➡ 12345.13

=ROUNDUP(12345.123,1) ➡ 12345.2

=ROUNDUP(12345.123,0) ➡ 12346

G 列の「特売価格（消費税額）」の小数点以下が切り捨てられるように、数式を編集しましょう。

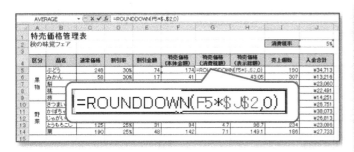

セルを編集状態にして、数式を編集します。
①セル【G5】をダブルクリックします。
②数式を
「=ROUNDDOWN(F5*$J$2, 0))」
に修正します。
③ Enter を押します。

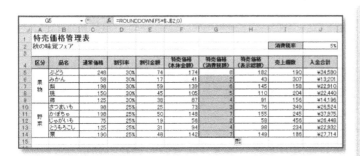

小数点以下が切り捨てられます。
数式をコピーします。
④セル【G5】を選択し、セル右下の■（フィルハンドル）をダブルクリックします。
数式がコピーされます。
※ G 列の「特売価格（消費税額）」を参照しているセルは、自動的に再計算されます。

小数点以下の処理

参考

　「ホーム」タブの「数値」グループのボタンを使うと、小数点以下の表示形式を設定できますが、これらはシート上の見た目を調整するだけで、セルに格納されている数値そのものを変更するものではありません。そのため、シート上に表示されている数値とセルに格納されている数値が一致しないこともあります。それに対して、ROUND 関数、ROUNDDOWN 関数、ROUNDUP 関数は、数値そのものを変更します。これらの関数の計算結果としてシート上に表示される数値とセルに格納されている数値は同じです。数値の小数点以下を処理する場合、表示形式を設定するか関数を入力するかは、作成する表に応じて使い分けましょう。表示形式を使って、実際の表の小数点以下を処理すると、入金合計に誤差が生じるので注意が必要です。

◆セルに格納されている数値

区分	品名	通常価格	割引率	割引金額	特売価格 (本体金額)	特売価格 (消費税額)	特売価格 (表示総額)	売上個数	入金合計
果物	ぶどう	248	30%	74.4	173.6	8.68	182.28	190	¥34,633.2
	みかん	58	30%	17.4	40.6	2.03	42.63	307	¥13,087.41
	梨	198	30%	59.4	138.6	6.93	145.53	158	¥22,993.74
	桃	150	30%	45	105	5.25	110.25	204	¥22,491
	柿	125	30%	37.5	87.5	4.375	91.875	156	¥14,332.5
野菜	さつまいも	98	25%	24.5	73.5	3.675	77.175	349	¥26,934.075
	かぼちゃ	198	25%	49.5	148.5	7.425	155.925	245	¥38,201.625
	じゃがいも	75	25%	18.75	56.25	2.8125	59.0625	456	¥26,932.5
	とうもろこし	125	25%	31.25	93.75	4.6875	98.4375	234	¥23,034.375
	栗	190	25%	47.5	142.5	7.125	149.625	186	¥27,830.25

実際にはセルに小数点以
下の値が含まれている

小数点以下の値も
含めて計算される

表示形式を設定すると

◆シート上に表示される数値

区分	品名	通常価格	割引率	割引金額	特売価格 (本体金額)	特売価格 (消費税額)	特売価格 (表示総額)	売上個数	入金合計
果物	ぶどう	248	30%	74	174	9	182	190	¥34,633
	みかん	58	30%	17	41	2	43	307	¥13,087
	梨	198	30%	59	139	7	146	158	¥22,994
	桃	150	30%	45	105	5	110	204	¥22,491
	柿	125	30%	38	88	4	92	156	¥14,333
野菜	さつまいも	98	25%	25	74	4	77	349	¥26,934
	かぼちゃ	198	25%	50	149	7	156	245	¥38,202
	じゃがいも	75	25%	19	56	3	59	456	¥26,933
	とうもろこし	125	25%	31	94	5	98	234	¥23,034
	栗	190	25%	48	143	7	150	186	¥27,830

入金合計に
誤差が生じる

◆関数を入力して、小数点以下を処理した場合

区分	品名	通常価格	割引率	割引金額	特売価格 (本体金額)	特売価格 (消費税額)	特売価格 (表示総額)	売上個数	入金合計
果物	ぶどう	248	30%	74	174	8	182	190	¥34,580
	みかん	58	30%	17	41	2	43	307	¥13,201
	梨	198	30%	59	139	6	145	158	¥22,910
	桃	150	30%	45	105	5	110	204	¥22,440
	柿	125	30%	38	87	4	91	156	¥14,196
野菜	さつまいも	98	25%	25	73	3	76	349	¥26,524
	かぼちゃ	198	25%	50	148	7	155	245	¥37,975
	じゃがいも	75	25%	19	56	2	58	456	¥26,448
	とうもろこし	125	25%	31	94	4	98	234	¥22,932
	栗	190	25%	48	142	7	149	186	¥27,714

4.5.3 RANK.EQ 関数 (順位を求める)

「RANK.EQ 関数」を使うと、順位を求めることができます。

数値が指定の範囲内で何番目かを返します。

指定の範囲内に、重複した数値がある場合は、同じ順位として最上位の順位を返します。

❶数値

　順位を付ける数値やセルを指定します。

❷セル範囲

　順位を付けるセル範囲を指定します。

❸順序

　「0」または「1」を指定します。

　「0」は省略可能です。

0	降順 (大きい順) に何番目かを表示します。
1	昇順 (小さい順) に何番目かを表示します。

フォルダー「第 4 章」のブック「関数の利用 -2」のシート「成績評価」を開いておきましょう。

　F 列に各人の「順位」を求めましょう。「合計」の得点が高い順に「1」「2」「3」... と順位を付けます。

　セル【F4】に 1 人目の「順位」を求め、以下にコピーします。

	F4	▼		fx		
	A	B	C	D	E	F	G

社員NO	氏名	筆記	実技	合計	順位	評価

社内研修成績評価　関数の挿入

	A	B	C	D	E	F	G
1	社内研修成績評価		関数の挿入				
2							
3	社員NO	氏名	筆記	実技	合計	順位	評価
4	W8503	島田　由紀	85	89	174		
5	M8705	吉野　秀人	70	65	135		
6	W8802	藤倉　滝緒	68	78	146		
7	W9013	遠藤　真紀	80	100	180		
8	M9204	神谷　秋彦	95	89	184		
9	M9503	川原　香織	65	55	120		
10	M9503	福田　直樹	92	72	164		
11	M9604	斉藤　信也	100	98	198		
12	M9702	坂本　利雄	45	46	91		
13	W9811	山本　涼子	66	78	144		
14	M0013	伊藤　隆	57	67	124		
15	W0102	浜野　陽子	87	67	154		
16	W0103	結城　夏江	92	85	177		
17	W0204	白井　茜	67	71	138		
18	M0302	梅畑　雄介	60	63	123		
19	M0405	花岡　順	82	85	167		
20	W0601	森下　真澄	90	86	176		

①セル【F4】をクリック
します。
② fx （関数の挿入）を
クリックします。

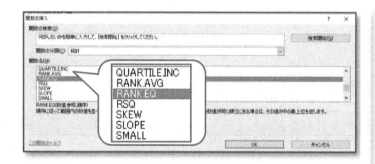

関数の挿入ダイアログボッ
クスが表示されます。
③関数の分類 (C) の ∨
をクリックし、一覧から
統計を選択します。
④関数名 (N) の一覧から
RANK.EQ を選択します。
⑤ OK をクリックしま
す。

関数の引数ダイアログ
ボックスが表示されます。
⑥数値にカーソルがある
ことを確認します。
⑦セル【E4】をクリック
します。数値に E4 と表示
されます。

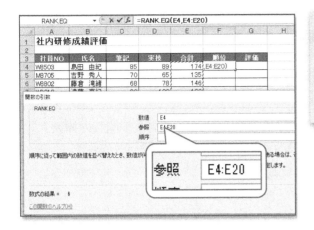

⑧参照ボックスをクリックします。

⑨セル範囲【E4:E20】を選択します。

参照に「E4:E20」と表示されます。

⑩ F4 を押します。

参照が $E$4:$E$20 になります。

※数式を入力後にコピーします。

セル範囲は固定なので、絶対参照にしておきます。

⑪順序に「0」と入力します。

⑫数式バーに =RANK.EQ(E4,$E$4:$E$20,0) と表示されていることを確認します。

⑬ OK をクリックします。

	F4		fx	=RANK.EQ(E4,$E$4:$E$20,0)		
	A	B	C	D	E	F	G

	A	B	C	D	E	F	G
1	社内研修成績評価						
2							
3	社員NO	氏名	筆記	実技	合計	順位	評価
4	W8503	島田 由紀	85	89	174	6	
5	M8705	吉野 秀人	70	65	135	13	
6	W8802	藤倉 滝緒	68	78	146	10	
7	W9013	遠藤 真紀	80	100	180	3	
8	M9204	神谷 秋彦	95	89	184	2	
9	W9503	川原 香織	65	55	120	16	
10	M9503	福田 直樹	92	72	164	8	
11	M9604	斉藤 信也	100	98	198	1	
12	M9702	坂本 利雄	45	46	91	17	
13	W9811	山本 涼子	66	78	144	11	
14	M0013	伊藤 隆	57	67	124	14	
15	W0102	浜野 陽子	87	67	154	9	
16	W0103	結城 夏江	92	85	177	4	
17	W0204	白井 茜	67	71	138	12	
18	M0302	梅畑 雄介	60	63	123	15	
19	M0405	花岡 順	82	85	167	7	
20	W0601	森下 真澄	90	86	176	5	
21							

1人目の順位が表示されます。

数式をコピーします。

⑭セル【F4】を選択し、セル右下の■（フィルハンドル）をダブルクリックします。

数式をコピーされ、各人の順位が表示されます。

参考 1

その他の方法（関数の挿入）

◆ 「ホーム」タブ➡「編集」グループの $\boxed{\Sigma \cdot}$（合計 S) の $\boxed{\cdot}$➡「その他の関数」

◆ 「数式」タブ➡「関数ライブラリ」グループの $\boxed{f_x}$（関数の挿入）

◆ $\boxed{\text{Shift}}$ ＋ $\boxed{\text{F3}}$

参考 2

RANK. EQ 関数と RANG. AVG 関数

Excel2010 では、順位を求める関数として「RANK. EQ 関数」と 「RANK. AVG 関数」が追加されました。

「RANK. EQ 関数」は、以前のバージョンの Excel で使われていた RANK 関数」と同じ目的で使われる関数で、使い方に変更がありません。

「RANK. AVG 関数」は、同順位の場合に順位の平均値を表示する関数です。

◆ RANK. EQ 関数の場合

▲	A	B	C	D	E
1					
2		氏名	得点	順位	
3		中村 ゆみ	60	1	
4		遠藤 亜紀	40	3	
5		田中 真一	40	3	
6		神田 淳二	50	2	
7		吉岡 マキ	30	5	
8		吉田 元	20	6	
9					

同順位の最上位が表示される

◆ RANK.AVG 関数の場合

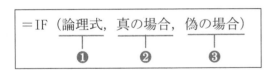

	A	B	C	D	E
1					
2		氏名	得点	順位	
3		中村 ゆみ	60	1	
4		遠藤 亜紀	40	3.5	
5		田中 真一	40	3.5	
6		神田 淳二	50	2	
7		吉岡 マキ	30	5	
8		吉田 元	20	6	
9					

同順位の平均値が表示される

4.5.4 IF 関数(条件で判断する)

「IF 関数」を使うと、条件に基づいて、その条件を満たす場合の処理と満たさない場合の処理をそれぞれ実行できます。

論理式の結果に基づいて、論理式が真 (TRUE) の場合の値、論理式が偽 (FALSE) の場合の値をそれぞれ返します。

```
=IF (論理式, 真の場合, 偽の場合)
        ❶       ❷         ❸
```

❶論理式
判断の基準となる数式指定します。
❷真の場合
論理式の結果が真 (TRUE) の場合に返す値を指定します。
❸偽の場合
論理式の結果が偽 (FALSE) の場合に返す値を指定します。

◆条件が一つの場合
G 列に「評価」が表示する関数を入力しましょう。

次の条件に基づいて、「可」または「不可」の文字列を表示しましょう。

「合計」が 140 以上であれば「可」、そうでなければ「不可」

セル【G4】に 1 人目の「評価」を求め、以下にコピーします。

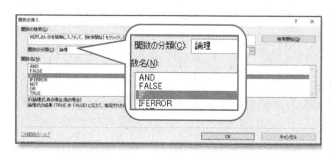

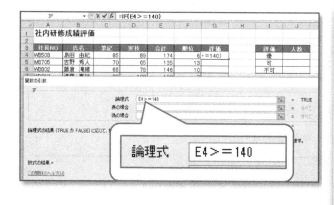

f_x （関数の挿入）を使って入力します。

①セル【G4】をクリックします。

② f_x （関数の挿入）をクリックします。

関数の挿入ダイアログボックスが表示されます。

③関数の分類（C）の ∨ をクリックし、一覧から 論理 を選択します。

④関数名（N）の一覧から IF を選択します。

⑤ OK をクリックします。

関数の引数ダイアログボックスが表示されます。

⑥論理式にカーソルがあることを確認します。

⑦セル【E4】をクリックします。
論理式に E4 を表示されます。

⑧「E4」に続けて、「>=140」と入力します。

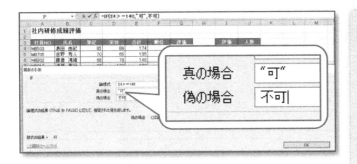

⑨真の場合に「可」と入力します。

⑩偽の場合に「不可」と入力します。

⑪数式バーに =IF(E4>=140,"可","不可") と表示されていることを確認します。

⑫ OK をクリックします。

	A	B	C	D	E	F	G	H
1	社内研修成績評価							
2								
3	社員NO	氏名	筆記	実技	合計	順位	評価	
4	W8503	島田 由紀	85	89	174	6	可	
5	M8705	吉野 秀人	70	65	135	13	不可	
6	W8802	藤倉 滝緒	68	78	146	10	可	
7	W9013	遠藤 真紀	80	100	180	3	可	
8	M9204	神谷 秋彦	95	89	184	2	可	
9	W9503	川原 香織	65	55	120	16	不可	
10	M9503	福田 直樹	92	72	164	8	可	
11	M9604	斉藤 信也	100	98	198	1	可	
12	M9702	坂本 利雄	45	46	91	17	不可	
13	W9811	山本 涼子	66	78	144	11	可	
14	M0013	伊藤 隆	57	67	124	14	不可	
15	W0102	浜野 陽子	87	67	154	9	可	
16	W0103	結城 夏江	92	85	177	4	可	
17	W0204	白井 薔	67	71	138	12	不可	
18	M0302	梅畑 雄介	60	63	123	15	不可	
19	M0405	花岡 順	82	85	167	7	可	
20	W0601	森下 真澄	90	86	176	5	可	
21								
22								

1人目の評価が表示されます。

※セル【G4】の数式 =IF(E4>=140,"可","不可") になっていることを確認します。数式をコピーします。

⑬セル【G4】を選択し、セル右下の■（フィルハンドル）をダブルクリックします。

数式がコピーされ、各人の評価が表示されます。

Point

演算子

IF 関数で論理式を指定するときは、次のような演算子を利用します。

演算子	例	意味
=	A=B	AとBが等しい
>=	A>=B	AがB以上
<=	A<=B	AがB以下
>	A>B	AがBより大きい
<	A<B	AがBより小さい

◆条件が二つの場合

次の条件に基づいて、「優」「可」「不可」のいずれの文字列を表示するように、関数を編集しましょう。

> 「合計」が 160 以上であれば「優」、140 以上であれば「可」、それ以外は「不可」

次のように考えて、IF 関数を 2 つ組み合わせて数式を入力します。

> 「合計」が 160 以上の場合は「優」
>
> 「合計」が 140 以上 160 以下の場合は「可」
>
> 140 以下の場合は「不可」

セル【G4】の 1 人目の「評価」を修正し、以下にコピーします。

①セル【G4】をダブルクリックします。
②数式を「=IF(E4>=160,"優",IF(E4>= 140,"可","不可"))」に修正します。
③ Enter を押します。

1人目の評価が表示されます。
数式をコピーします。
④セル【G4】を選択し、セル右下の■（フィルハンドル）をダブルクリックします。
数式がコピーされ、各人の評価が表示されます。

AND 関数・OR 関数

参考

　IF関数の論理式を指定するとき、「AND 関数」や「OR 関数」を使うと、複雑な条件判断が可能になります。

◆ AND 関数

　指定した複数の論理式をすべて満たす場合は、真 (TRUE) を返します。

　すべて満たさない場合は、偽 (FALSE) を返します。

> =AND (論理式 1, 論理式 2,...)

例 :

=AND (C4>=70, D4>=70)

　セル【C4】が「70」以上かつセル【D4】が「70」以上であれば「TRUE」、そうでなければ「FALSE」を返します。

◆ OR 関数

　指定した複数の論理式のうち、どれか一つでも満たす場合は、真 (TRUE) を返します。

　すべて満たさない場合は、偽 (FALSE) を返します。

> =OR (論理式 1, 論理式 2,...)

例 :

=OR (C4>=70, D4>=70)

　セル【C4】が「70」以上またはセル【D4】が「70」以上であれば「TRUE」、そうでなければ「FALSE」を返します。

4.5.5 COUNTIF 関数 (条件に一致するデータの個数を数える)

「COUNTIF 関数」を使うと、条件に一致するデータの個数を数えることができます。

指定したセル範囲の中から、指定した条件と一致するデータの個数を返します。

❶セル範囲

対象となるセル範囲を指定します。

❷検索条件

検索する条件となるデータを指定します。

例：=COUNTIF(B4:B100, "処理済")

    セル範囲【B4:B100】の中から「処理済」の個数を数えます。

  J 列の「人数」に、「優」「可」「不可」の個数をそれぞれ求めましょう。

  セル【J4】に「優」の個数を求め、以下にコピーします。

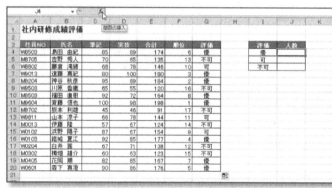

> f_x （関数の挿入）を使って入力します。
>
> ①セル【J4】をクリックします。
>
> ② f_x （関数の挿入）をクリックします。

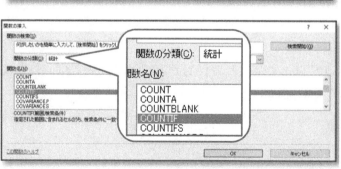

> 関数の挿入 ダイアログボックスが表示されます。
>
> ③ 関数の分類（C）の ∨ をクリックし、一覧から 統計 を選択します。
>
> ④ 関数名（N）の一覧から COUNTIF を選択します。
>
> ⑤ OK をクリックします。

関数の引数ダイアログボックスが表示されます。

⑥範囲にカーソルがあることを確認します。

⑦セル範囲【G4:G20】をクリックします。

⑧ F4 を押します。

範囲が $G$4:$G$20 になります。

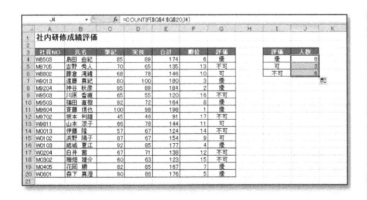

⑨検索条件ボックスをクリックします。

⑩セル【I4】をクリックします。

⑪数式バーに =COUNTIF($G$4:$G$20, I4) と表示されていることを確認します。

⑫ OK をクリックします。

「優」の個数が表示されます。

数式をコピーします。

⑬セル【J4】を選択し、セル右下の■（フィルハンドル）をダブルクリックします。

数式がコピーされ、「可」と「不可」の個数が表示されます。

4.5.6 TODAY 関数 (日付を計算する)

　「TODAY 関数」を使うと、コンピューター本日の日付を表示できます。TODAY 関数を入力したセルは、ブックを開くたびに本日の日付が自動的に表示されます。

　ブックの作成日を自動的に更新したり、本日の日付をもとに計算したりする場合などに利用します。

　本日の日付を返します。

=TODAY()

※引数は指定しません。

　セル【E1】に本日の日付を表示しましょう。
※本書では、本日の日付が「2010 年 3 月 16 日」になっています。

フォルダー「第 4 章」のブック「関数の利用 -2」のシート「社員名簿」を開いておきましょう。

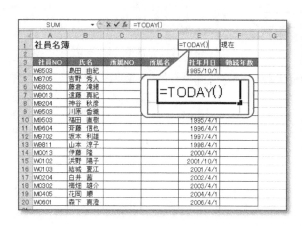

キーボードから関数を直接入力します。
①セル【E1】をクリックします。
②「=TODAY()」と入力します。
③ Enter を押します。

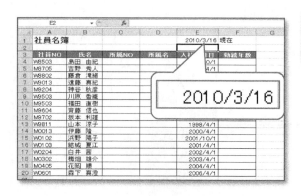

④本日の日付が表示されます。

4.5.7 DATEDIF 関数 (日付の差を表示する)

「DATEDIF 関数」を使うと、2つの日付の差を年数、月数、日数などで表示できます。

指定した日付から指定した日付までの期間を指定した単位で返します。

❶古い日付

2つの日付のうち、古い日付を指定します。

❷新しい日付

2つの日付のうち、新しい日付を指定します。

❸単位

単位を指定します。

単位	意味	例
"Y"	期間内の満年数	=DATEDIF ("2009/1/1" , "2010/8/5, " "Y") ➜ 1
"M"	期間内の満月数	=DATEDIF ("2009/1/1" , "2010/8/5, " "M") ➜ 19
"D"	期間内の満日数	=DATEDIF ("2009/1/1" , "2010/8/5, " "D") ➜ 581
"YM"	1年未満の月数	=DATEDIF ("2009/1/1" , "2010/8/5, " "YM") ➜ 7
"YD"	1年未満の日数	=DATEDIF ("2009/1/1" , "2010/8/5, " "YD") ➜ 216
"MD"	1か月未満の日数	=DATEDIF ("2009/1/1" , "2010/8/5, " "MD") ➜ 4

F 列に各人の「勤務年数」を求めましょう。

セル【F4】に1人目の「勤務年数」を求め、以下にコピーします。

「勤務年数」は「入社年月日」から「本日の日付」までの期間を年数で表示することによって求めます。

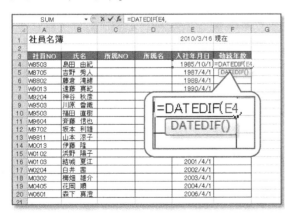

キーボードから関数を直接入力します。

①セル【F4】をクリックします。

②「=DATEDIF(」と入力します。

③セル【E4】をクリックします。

④「,」を入力します。

Screenshot 1 (top):

Formula bar: SUM ▼ × ✓ fx =DATEDIF(E4,$E$1,

	A	B	C	D	E	F	G
1	社員名簿				2010/3/16	現在	
2							
3	社員NO	氏名	所属NO	所属名	入社年月日	勤続年数	
4	W8503	島田 由紀			1985/10/1	=DATEDIF(E4,$E$1,	
5	M8705	吉野 秀人			1987/4/1	DATEDIF()	
6	W8802	藤倉 滝緒			1988/4/1		
7	W9013	遠藤 真紀			1990/4/1		
8	M9204	神谷 秋彦			1992/10/1		
9	W9503	川原 香織			1995/4/1		
10	M9503	福田 直樹			1995/4/1		
11	M9604	斉藤 信也			1996/4/1		
12	M9702	坂本 利雄			1997/4/1		
13	W9811	山本 涼子			1998/4/1		
14	M0013	伊藤 隆			2000/4/1		
15	W0102	浜野 陽子			2001/10/1		
16	W0103	結城 夏江			2001/4/1		
17	W0204	白井 茜			2002/4/1		
18	M0302	梅畑 雄介			2003/4/1		
19	M0405	花岡 順			2004/4/1		
20	W0601	森下 真澄			2006/4/1		

⑤セル【E1】をクリックします。

⑥ F4 を押します。

⑦「,」を入力します。

Screenshot 2 (middle):

Formula bar: SUM ▼ × ✓ fx =DATEDIF(E4,$E$1,"Y")

	A	B	C	D	E	F	G
1	社員名簿				2010/3/16	現在	
2							
3	社員NO	氏名	所属NO	所属名	入社年月日	勤続年数	
4	W8503	島田 由紀			1985/10/1	=DATEDIF(E4,$E$1,"Y")	
5	M8705	吉野 秀人			1987/4/1		
6	W8802	藤倉 滝緒			1988/4/1		
7	W9013	遠藤 真紀			1990/4/1		
8	M9204	神谷 秋彦			1992/10/1		
9	W9503	川原 香織			1995/4/1		
10	M9503	福田 直樹			1995/4/1		
11	M9604	斉藤 信也			1996/4/1		
12	M9702	坂本 利雄			1997/4/1		
13	W9811	山本 涼子			1998/4/1		
14	M0013	伊藤 隆			2000/4/1		
15	W0102	浜野 陽子			2001/10/1		
16	W0103	結城 夏江			2001/4/1		
17	W0204	白井 茜			2002/4/1		
18	M0302	梅畑 雄介			2003/4/1		
19	M0405	花岡 順			2004/4/1		
20	W0601	森下 真澄			2006/4/1		

⑧「"Y")」と入力します。

⑨数式バーに =DATEDIF(E4, $E$1,"Y") と表示されていることを確認します。

⑩ Enter を押します。

Screenshot 3 (bottom):

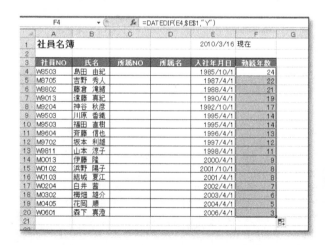

Formula bar: F4 ▼ fx =DATEDIF(E4,$E$1,"Y")

	A	B	C	D	E	F	G
1	社員名簿				2010/3/16	現在	
2							
3	社員NO	氏名	所属NO	所属名	入社年月日	勤続年数	
4	W8503	島田 由紀			1985/10/1	24	
5	M8705	吉野 秀人			1987/4/1	22	
6	W8802	藤倉 滝緒			1988/4/1	21	
7	W9013	遠藤 真紀			1990/4/1	19	
8	M9204	神谷 秋彦			1992/10/1	17	
9	W9503	川原 香織			1995/4/1	14	
10	M9503	福田 直樹			1995/4/1	14	
11	M9604	斉藤 信也			1996/4/1	13	
12	M9702	坂本 利雄			1997/4/1	12	
13	W9811	山本 涼子			1998/4/1	11	
14	M0013	伊藤 隆			2000/4/1	9	
15	W0102	浜野 陽子			2001/10/1	8	
16	W0103	結城 夏江			2001/4/1	8	
17	W0204	白井 茜			2002/4/1	7	
18	M0302	梅畑 雄介			2003/4/1	6	
19	M0405	花岡 順			2004/4/1	5	
20	W0601	森下 真澄			2006/4/1	3	

1人目の勤務年数が求められます。数式をコピーします。

⑪セル [F4] を選択し、セル右下の■（フィルハンドル）をダブルクリックします。

数式がコピーされ、各人の勤務年数が求められます。

日付の処理

数値を「/（スラッシュ）」や「-（ハイフン）」で区切って、「2010/8/5」や「8/5」のように入力すると、セルに日付の表示形式が自動的に設定されて、「2010/8/5」や「8 月 5 日」のように表示されます。

実際にセルに格納されているのは、1900 年 1 月 1 日から入力した日付までをカウントした「シリアル値」と呼ばれる数値です。

セルの日付	シリアル値	
1900/1/1	1	
2000/1/1	36526	1900 年 1 月 1 日から 36525 日目
2010/8/5	40395	1900 年 1 月 1 日から 40395 日目

次のような計算を行う場合、特に関数を使う必要がありません。

	A	B	C	
1	工事開始日	2010/8/5		
2	工事終了日	2010/11/11		
3	工事期間	98	日間	=B2-B1
4				
5				
6	納入品	2010/8/5		
7	入金は	7	日以内	
8	入金締切日	2010/8/12	まで	=B6+B7

4.5.8 VLOOKUP 関数 (表から該当データを参照する)

「VLOOKUP 関数」を使うと、コードや番号を元に参照用の表から該当するデータを検索し、表示します。

参照用の表から該当データを検索し、表示します。

❶検索値
検索対象のコードや番号を入力するセルを指定します。
❷セル範囲
参照用の表のセル範囲を指定します。
❸列番号
セル範囲の何番目の列を参照するかを指定します。
左から「1」「2」…と数えて指定します。
❹検索方法
「FALSE」または「TRUE」を指定します。「TRUE」は省略できます。

FALSE	完全に一致するものを検索します。
TRUE	近似値を含めて検索します。

例:

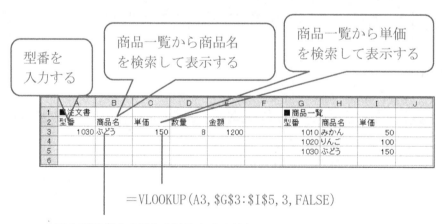

商品一覧から商品名を検索して表示する

商品一覧から単価を検索して表示する

型番を入力する

=VLOOKUP (A3, $G$3:$I$5, 3, FALSE)

=VLOOKUP (A3, $G$3:$I$5, 2, FALSE)

セル【C4】に「所属 NO」を入力すると、セル【D4】に「所属名」が表示されるように VLOOKUP 関数を入力しましょう。

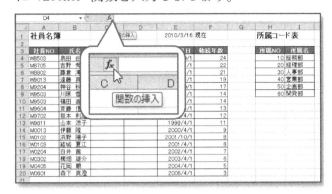

fx（関数の挿入）を使って入力します。

①セル【D4】をクリックします。

※VLOOKUP 関数は、検索結果を表示するセルに入力します。

② fx（関数の挿入）をクリックします。

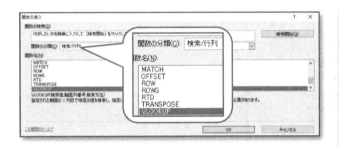

関数の挿入ダイアログボックスが表示されます。

関数の分類（C）の∨をクリックし、一覧から[検索 / 行列]を選択します。

④関数名（N）の一覧から[VLOOKUP]を選択します。

⑤[OK]をクリックします。

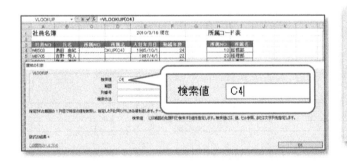

関数の引数ダイアログボックスが表示されます。

⑥検索値にカーソルがあることを確認します。

⑦セル【C4】をクリックします。

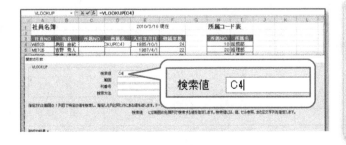

⑧範囲のボックスをクリックします。

⑨セル範囲【H4:I9】を選択します。

⑩[F4]を押します。

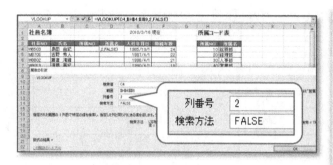

⑪列番号に「2」と入力します。

⑫検索方法に「FALSE」と入力します。

⑬数式バーに=VLOOKUP(C4, $H$4:$I$9,2,FALSE)と表示されていることを確認します。

⑭ OK をクリックします。

セル【C4】に「所属NO」が入力されていないので、エラー #N/A が表示されます。

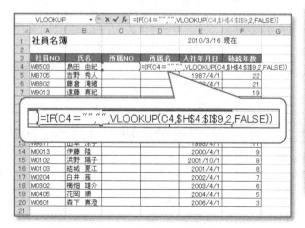

※「所属 NO」を入力すると、「所属名」が参照されます。

4.5.9 VLOOKUP 関数と IF 関数の組み合わせ

「所属 NO」が入力されていなくてもエラー #N/A が表示されないように、数式を修正しましょう。次のように考えて、VLOOKUP 関数と IF 関数を組み合わせて数式を入力します。

> セル【C4】が空データであれば、空データを返します。
> 　　　　空データでなければ、VLOOKUP 関数の計算結果を表示します。

①セル【D4】をダブルクリックします。

②数式を「=IF(C4="","",VLOOKUP(C4, $H$4:$I$9, 2, FALSE))」に修正します。

※「""」は空データを表します。

③ Enter を押します。

エラー #N/A が消えます。数式をコピーします。

④セル【D4】を選択し、セル右下の■（フィルハンドル）をダブルクリックします。

	A	B	C	D	E	F	G
1	社員名簿				2010/3/16	現在	
2							
3	社員NO	氏名	所属NO	所属名	入社年月日	勤続年数	
4	W8503	島田 由紀	30	人事部	1985/10/1	24	
5	M8705	吉野 秀人			1987/4/1	22	
6	W8802	藤倉 滝緒			1988/4/1	21	
7	W9013	遠藤 真紀			1990/4/1	19	
8	M9204	神谷 秋彦			1992/10/1	17	
9	W9503	川原 香織			1995/4/1	14	
10	M9503	福田 直樹			1995/4/1	14	
11	M9604	斉藤 信也			1996/4/1	13	
12	M9702	坂本 利雄			1997/4/1	12	
13	W9811	山本 涼子			1998/4/1	11	
14	M0013	伊藤 隆			2000/4/1	9	
15	W0102	浜野 陽子			2001/10/1	8	
16	W0103	結城 夏江			2001/4/1	8	
17	W0204	白井 茜			2002/4/1	7	
18	M0302	梅畑 雄介			2003/4/1	6	
19	M0405	花岡 順			2004/4/1	5	
20	W0601	森下 真澄			2006/4/1	3	
21							

「所属NO」を入力します。

⑤セル【C4】に「30」と入力します。

「所属名」が検索されて自動的に表示されます。

Point

TRUE の指定

数値に「TRUE」を指定すると、データが一致しない場合に近似値を検索します。

「TRUE」を指定する場合、参照用の表は、1 番左の検索値を昇順に並べておく必要があります。

=VLOOKUP(C3, $F$3:$G$7, 2, TRUE)

	A	B	C	D	E	F	G
1	●社員別売上成績					●評価基準	
2	社員番号	名前	売上金額	評価		売上金額	評価
3	101	田中　ゆみ	43,670	C		30,000	E
4	102	大木　茂樹	47,890	B		35,000	D
5	103	斎藤　南	44,560	C		40,000	C
6	104	中森　みき	57,346	A		45,000	B
7	105	吉田　由香	32,098	E		50,000	A
8	106	笹川　雄一郎	48,098	B			
9	107	黒木　竜太	37,840	D			
10	108	安田　孝美	50,019	A			
11	109	近藤　まゆ	29,761	#N/A			
12	110	林　健太郎	35,000	D			

> 売上金額に応じて評価基準から該当する評価を検索して表示する

検索値が 30,000 未満の場合は、エラー #N/A が表示されます。

売上金額	評価
30,000	E
35,000	D
40,000	C
45,000	B
50,000	A

エラーが表示されないようにするには、参照用の表に最小値のデータを入れておきます。

売上金額	評価
0	F
30,000	E
35,000	D
40,000	C
45,000	B
50,000	A

HLOOKUP 関数

参考

「HLOOKUP 関数」を使うと、コードや番号を元に参照用の表から該当するデータを検索し、表示できます。参照用の表のデータが横方向に入力されている場合に使います。

参照用の表から該当データを検索し、表示します。

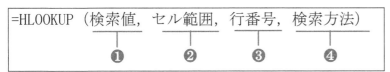

=HLOOKUP（検索値, セル範囲, 行番号, 検索方法）
　　　　　　　　❶　　　　❷　　　　❸　　　　❹

❶検索値
検索対象のコードや番号を入力するセルを指定します。
❷セル範囲
参照用の表のセル範囲を指定します。
❸行番号
セル範囲の何番目の行を参照するかを指定します。
上から「1」「2」... と数えて指定します。
❹検索方法
「FALSE」または「TRUE」を指定します。「TRUE」は省略できます。

FALSE	完全に一致するものを検索します。
TRUE	近似値を含めて検索します。

例：

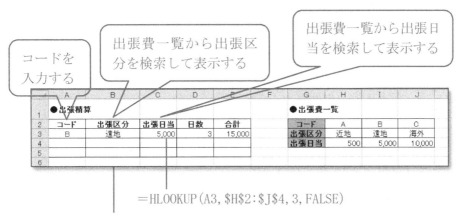

コードを
入力する

出張費一覧から出張区
分を検索して表示する

出張費一覧から出張日
当を検索して表示する

	A	B	C	D	E	F	G	H	I	J
1	●出張精算						●出張費一覧			
2	コード	出張区分	出張日当	日数	合計		コード	A	B	C
3	B	遠地	5,000	3	15,000		出張区分	近地	遠地	海外
4							出張日当	500	5,000	10,000
5										
6										

＝HLOOKUP（A3, $H$2:$J$4, 3, FALSE）

＝HLOOKUP（A3, $H$2:$J$4, 2, FALSE）

4.6.1 完成図のような表を作成しましょう。

フォルダー「第4章」のブック「第4章 練習問題1」のシート「Sheet1」を開いておきましょう。

●完成図

	A	B	C	D	E	F
1			支店別売上高			
2						2011年4月5日
3						
4	地区	支店名	前年度売上(万円)	今年度売上(万円)	前年比	構成比
5		銀座	91,000	85,550	94.0%	14.3%
6	東京	新宿	105,100	115,640	110.0%	19.3%
7		渋谷	67,850	70,210	103.5%	11.7%
8		台場	76,700	74,510	97.1%	12.5%
9		川崎	34,150	35,240	103.2%	5.9%
10	神奈川	横浜	23,100	23,110	100.0%	3.9%
11		小田原	89,010	94,560	106.2%	15.8%
12	千葉	千葉	68,260	66,570	97.5%	11.1%
13		幕張	32,020	32,570	101.7%	5.4%
14	合計		587,190	597,960	101.8%	100.0%
15	最大		105,100	115,640		
16						

1. セル【E5】に「銀座」の「前年比」を求める数式を入力しましょう。

「前年比」は「今年度売上÷前年度売上」で求めます。

　　次に、セル【E5】の数式をコピー範囲【E6:E14】にコピーしましょう。

2. セル【F5】に「銀座」の「構成比」を求める数式を入力しましょう。

「構成比」は「各支店の今年度売上÷全体の今年度売上」で求めましょう。

　　次に、セル【F5】の数式をコピー範囲【F6:F14】にコピーしましょう。

3. セル【C15】に「前年度売上」の最大値を求める数式を入力しましょう。

　　次に、セル【C15】の数式をセル【D15】にコピーしましょう。

4. 完成図を参考に、セル範囲【E15:F15】に斜線を引きましょう。

5. セル範囲【C5:D15】に3桁区切りカンマを付けましょう。

6. セル範囲【E5:F14】を小数点第1位までのパーセントで表示しましょう。

7. セル【F2】の「4月5日」の表示形式を「2011年4月5日」に変更しましょう。

4.6.2 完成図のような表を作成しましょう。

フォルダー「第4章」のブック「第4章 練習問題2」のシート「個人打撃成績」を開いておきましょう。

●完成図

	選手名	チームID	チーム名	打率	試合数	打席数	打数	安打	本塁打	三振	四球	死球	犠打犠飛	打率順位	本塁打順位	打率表彰	本塁打表彰
1	個人打撃成績		2010/3/18 現在														
4	相原道哉	OP	御茶ノ水ブレイメーツ	0.272	72	316	298	81	13	51	9	4	5	27	7	-	-
5	赤井久	KG	川崎ゴールデンアイ	0.279	69	235	208	58	5	42	19	2	6	21	20	-	-
6	安部隆二	KG	川崎ゴールデンアイ	0.297	55	251	229	68	1	25	13	1	8	14	26	-	-
7	荒木博仁	KR	川崎レインボー	0.302	72	303	278	84	13	58	16	4	5	11	7	-	-
8	石井道久	OP	御茶ノ水ブレイメーツ	0.302	70	316	288	87	24	56	16	11	1	12	1	-	◎
9	井上謙信	JM	自由が丘ミラクル	0.307	73	320	283	87	3	50	32	2	3	9	25	-	-
10	岩田裕樹	OP	御茶ノ水ブレイメーツ	0.315	72	308	270	85	16	63	35	1	2	4	5	-	-
11	大野幸助	SB	渋谷ブラザーズ	0.354	65	299	246	87	16	47	38	3	2	1	5	◎	-
12	岡田直哉	KR	川崎レインボー	0.294	73	299	272	80	13	57	15	6	6	15	7	-	-
13	金井和夫	KR	川崎レインボー	0.310	72	307	261	81	24	76	42	1	3	7	1	-	◎
14	金城アレックス	SS	品川スニーカーズ	0.272	72	309	272	74	6	29	24	7	6	26	18	-	-
15	黒田健作	KR	川崎レインボー	0.277	66	250	224	62	9	47	16	3	7	23	14	-	-
16	小森隆介	AS	青山ノックス	0.271	70	321	280	76	0	47	30	6	5	28	27	-	-
17	島尚太郎	AS	青山ノックス	0.284	55	233	211	60	5	26	13	2	7	18	20	-	-
18	谷原省吾	SS	品川スニーカーズ	0.278	69	288	259	72	8	43	26	2	1	22	16	-	-
19	鳥山武	IN	池袋ナイン	0.300	64	248	223	67	5	38	18	4	3	13	20	-	-
20	中田修	KR	川崎レインボー	0.311	72	314	289	90	9	60	21	0	4	6	14	-	-
21	畑田大輔	OP	御茶ノ水ブレイメーツ	0.283	72	331	283	80	4	35	30	4	14	19	23	-	-
22	花村大一郎	AS	青山ノックス	0.310	69	267	239	74	10	40	21	4	3	8	13	-	-
23	東山弘毅	KR	川崎レインボー	0.338	72	338	293	99	6	39	34	8	3	2	18	◎	-
24	星野護	ME	目黒イーグルス	0.273	64	265	245	67	12	51	14	3	3	25	11	-	-
25	本田友則	SS	品川スニーカーズ	0.307	72	315	267	82	13	49	40	5	3	10	7	-	-
26	前田聡	SB	渋谷ブラザーズ	0.312	66	259	231	72	11	21	20	5	3	5	12	-	-
27	町田準之助	SS	品川スニーカーズ	0.336	71	296	259	87	20	63	28	5	4	3	3	◎	◎
28	宮元守弘	AS	青山ノックス	0.282	69	273	248	70	0	30	14	3	8	20	27	-	-
29	村井滋	AS	青山ノックス	0.274	73	306	266	73	17	77	20	13	7	24	4	-	-
30	森純大	OP	御茶ノ水ブレイメーツ	0.290	61	245	221	64	4	31	14	3	7	17	23	-	-
31	森村秀雄	ER	恵比寿ルークス	0.290	72	302	269	78	8	56	29	2	2	16	16	-	-

1. セル【C1】に、本日の日付を表示する数式を入力しましょう。

2. セル【C4】に、セル【B4】の「チーム ID 」に対応する「チーム名」を表示する数式を入力しましょう。シート「チーム一覧」の表を参照します。

　　次に、セル【C4】の数式をコピーして、「チーム名」欄を完成させましょう。

3. セル【N4】に、表の1人目の「打率順位」を表示する数式を入力しましょう。「打率」が多い順に「1」「2」「3」…と順位を付けます。

　　次に、セル【N4】の数式をコピーして、「打率順位」欄を完成させましょう。

4. セル【O4】に、表の1人目の「本塁打順位」を表示する数式を入力しましょう。「本塁打」が多い順に「1」「2」「3」…と順位を付けます。

　　次に、セル【O4】の数式をコピーして、「本塁打順位」欄を完成させましょう。

5. セル【P4】に、表の1人目の「打率表彰」の有無を表示する数式を入力しましょう。「打率」が 1/3 以上であれば「◎」、そうでなければ「-」を返すようにします。

　　次に、セル【P4】の数式をコピーして、「打率表彰」欄を完成させましょう。

6. セル【Q4】に、表の1人目の「本塁打表彰」の有無を表示する数式を入力しましょう。「本塁打」が 20 本以上であれば「◎」、そうでなければ「-」を返すようにします。

　　次に、セル【Q4】の数式をコピーして、「本塁打表彰」欄を完成させましょう。

第5章
データベースの利用

この章では、データベース機能の概要を確認し、データを並べ替えたり、目的のデータを抽出したりする方法を解説します。また、データを集計したり、テーブルを作成したりして、データベースを活用する方法を説明します。

毎章一語

千里の道も一歩から

意味：千里の道も一歩からとは、どんなに大きな事業でも、まず手近なところから着実に努力を重ねていけば成功するという教え。

注釈：千里もある遠い道のりであっても、まず踏み出した第一歩から始まるという意味から。

出典：『老子』

英語：A thousand journey is started by taking the first step.

類語：千里の行も足下に始まる／始めの一歩、末の千里

5.1　操作するデータベースを確認する

次のように、データの並べ替えや抽出を行いましょう。

NO	開催日	セミナー名	区分	定員	受講者数	受講率	受講費	金額
		A&Bビジネスコンサルティング						
		セミナー開催状況						
1	2014/04/03	経営者のための経営分析講座	経営	30	33	110.0%	¥20,000	¥660,000
19	2014/06/20	経営者のための経営分析講座	経営	30	30	100.0%	¥20,000	¥600,000
14	2014/08/11	マーケティング講座	経営	30	28	93.3%	¥18,000	¥504,000
2	2014/04/05	マーケティング講座	経営	30	25	83.3%	¥18,000	¥450,000
22	2014/06/27	人材戦略講座	経営	30	25	83.3%	¥18,000	¥450,000
5	2014/04/23	人材戦略講座	経営	30	24	80.0%	¥18,000	¥432,000
17	2014/06/18	個人投資家のための株式投資講座	投資	50	41	82.0%	¥10,000	¥410,000
11	2014/05/22	個人投資家のための株式投資講座	投資	50	36	72.0%	¥10,000	¥360,000
12	2014/05/23	個人投資家のための不動産投資講座	投資	50	44	88.0%	¥6,000	¥264,000
18	2014/06/19	初心者のための資産運用講座	投資	50	44	88.0%	¥6,000	¥264,000
9	2014/05/09	初心者のための資産運用講座	投資	50	42	84.0%	¥6,000	¥252,000
4	2014/04/13	初心者のための資産運用講座	投資	50	40	80.0%	¥6,000	¥240,000
10	2014/05/21	個人投資家のための為替投資講座	投資	50	30	80.0%	¥8,000	¥240,000
3	2014/04/12	初心者のためのインターネット株取引	投資	50	55	110.0%	¥4,000	¥220,000
20	2014/06/21	個人投資家のための為替投資講座	投資	50	36	72.0%	¥8,000	¥218,000
15	2014/06/12	個人投資家のための為替投資講座	投資	50	26	52.0%	¥8,000	¥208,000
16	2014/06/13	初心者のためのインターネット株取引	投資	50	51	102.0%	¥4,000	¥204,000
8	2014/05/08	初心者のためのインターネット株取引	投資	50	50	100.0%	¥4,000	¥200,000
13	2014/05/24	自己分析・自己表現講座	就職	40	36	90.0%	¥2,000	¥72,000
6	2014/04/24	自己分析・自己表現講座	就職	40	34	85.0%	¥2,000	¥68,000
21	2014/06/26	一般教養攻略講座	就職	40	33	82.5%	¥2,000	¥66,000
7	2014/04/26	面接試験突破講座	就職	20	20	100.0%	¥3,000	¥60,000

「金額」が高い順に並べ替え ─────

NO	開催日	セミナー名	区分	定員	受講者数	受講率	受講費	金額
		A&Bビジネスコンサルティング						
		セミナー開催状況						
1	2014/04/03	経営者のための経営分析講座	経営	30	33	110.0%	¥20,000	¥660,000
3	2014/04/12	初心者のためのインターネット株取引	投資	50	55	110.0%	¥4,000	¥220,000
16	2014/06/13	初心者のためのインターネット株取引	投資	50	51	102.0%	¥4,000	¥204,000
19	2014/06/20	経営者のための経営分析講座	経営	30	30	100.0%	¥20,000	¥600,000
14	2014/08/11	マーケティング講座	経営	30	28	93.3%	¥18,000	¥504,000
2	2014/04/05	マーケティング講座	経営	30	25	83.3%	¥18,000	¥450,000
22	2014/06/27	人材戦略講座	経営	30	25	83.3%	¥18,000	¥450,000
5	2014/04/23	人材戦略講座	経営	30	24	80.0%	¥18,000	¥432,000
17	2014/06/18	個人投資家のための株式投資講座	投資	50	41	82.0%	¥10,000	¥410,000
11	2014/05/22	個人投資家のための不動産投資講座	投資	50	36	72.0%	¥10,000	¥360,000
12	2014/05/23	個人投資家のための不動産投資講座	投資	50	44	88.0%	¥6,000	¥264,000
18	2014/06/19	初心者のための資産運用講座	投資	50	44	88.0%	¥6,000	¥264,000
9	2014/05/09	初心者のための資産運用講座	投資	50	42	84.0%	¥6,000	¥252,000
4	2014/04/13	初心者のための資産運用講座	投資	50	40	80.0%	¥6,000	¥240,000
10	2014/05/21	個人投資家のための為替投資講座	投資	50	30	90.0%	¥8,000	¥240,000
20	2014/06/21	個人投資家のための不動産投資講座	投資	50	36	72.0%	¥6,000	¥216,000
15	2014/06/12	個人投資家のための為替投資講座	投資	50	26	52.0%	¥8,000	¥208,000
8	2014/05/08	初心者のためのインターネット株取引	投資	50	50	100.0%	¥4,000	¥200,000
13	2014/05/24	自己分析・自己表現講座	就職	40	36	90.0%	¥2,000	¥72,000
6	2014/04/24	自己分析・自己表現講座	就職	40	34	85.0%	¥2,000	¥68,000
21	2014/06/26	一般教養攻略講座	就職	40	33	82.5%	¥2,000	¥66,000
7	2014/04/26	面接試験突破講座	就職	20	20	100.0%	¥3,000	¥60,000

セルがオレンジ色のデータを上部に配置 ─────

N-	開催日	セミナー名	区分-	定員	受講者数-	受講率-	受講費-	金額-
1	2014/4/3	経営者のための経営分析講座	経営	30	33	110.0%	¥20,000	¥660,000
2	2014/4/5	マーケティング講座	経営	30	25	83.3%	¥18,000	¥450,000
14	2014/8/11	マーケティング講座	経営	30	28	93.3%	¥18,000	¥504,000
19	2014/8/20	経営者のための経営分析講座	経営	30	30	100.0%	¥20,000	¥600,000
22	2014/8/27	人材戦略講座	経営	30	25	83.3%	¥18,000	¥450,000

「金額」が高い上位5件のデータを抽出 ————

A&Bビジネスコンサルティング
セミナー開催状況

N-	開催日	セミナー名	区分-	定員	受講者数-	受講率-	受講費-	金額-
1	2014/04/03	経営者のための経営分析講座	経営	30	33	110.0%	¥20,000	¥660,000
3	2014/04/12	初心者のためのインターネット株取引	投資	50	55	110.0%	¥4,000	¥220,000
16	2014/08/13	初心者のためのインターネット株取引	投資	50	51	102.0%	¥4,000	¥204,000

セルがオレンジ色のデータを抽出 ————

予実管理シート
単位:千円

	社員番号	氏名	支店	売上目標	売上実績	達成率
12			銀座 平均	37,571	36,548	
13			銀座 集計	263,000	255,834	
23			渋谷 平均	31,778	31,527	
24			渋谷 集計	286,000	283,745	
34			新宿 平均	40,222	39,632	
35			新宿 集計	362,000	356,691	
45			千葉 平均	32,333	30,836	
46			千葉 集計	291,000	277,527	
53			浜松町 平均	27,167	26,960	
54			浜松町 集計	163,000	161,757	
69			横浜 平均	31,857	32,024	
70			横浜 集計	446,000	448,334	
71			全体の 平均	33,537	33,035	
72			総計	1,811,000	1,783,888	

データ の集計

予実管理シート
単位:千円

	社員番号-	氏名	支店	売上目標	売上実績	達成率
5	102350	神崎 清	新宿	48,000	46,890	97.7%
6	113500	松本 亮	新宿	47,000	50,670	107.8%
7	113561	平田 幸雄	横浜	41,000	30,891	75.3%
8	119857	田中 啓介	新宿	35,000	34,562	98.7%
9	120001	木下 良雄	新宿	41,000	40,392	98.5%
10	120023	神田 悟	千葉	39,000	38,521	98.8%
11	120026	藤田 道子	渋谷	41,000	34,501	84.1%
12	120029	竹田 誠治	新宿	43,000	46,729	108.7%
13	120069	藤城 拓也	横浜	38,000	36,510	96.1%
14	120074	土屋 亮	千葉	43,000	34,561	80.4%
15	120099	近田 文雄	横浜	47,000	34,819	74.1%
16	120103	内山 雅夫	新宿	41,000	42,100	102.7%
17	132651	橋本 正雄	渋谷	40,000	39,719	99.3%
18	132659	木内 美子	横浜	46,000	46,710	101.5%

テーブル への変換

5.2 データベース機能の概要

「データベース」という言葉を、一度は聞いたことがあると思います。では、データベースとは、どんなものなのでしょうか。

ここではデータベースについて解説します。

◆データベースの機能

商品台帳、社員名簿、売上台帳などのように同じ項目で構成されたデータをまとめたものを「データベース」といいます。このデータベースを管理・運用する機能が「データベース機能」です。データベース機能を使うと、大量のデータを効率よく管理できます。

データベース機能には、次のようなものがあります。

◆ **並べ替え**

指定した基準に従って、データを並べ替えます。

◆ **フィルター**

データベースから条件を満たすデータだけを抽出します。

◆データベース用の表

EXCEL では、データベースを「テーブル」という形式で管理しています。テーブルを作成するには、まず先頭に「列見出し」を入力します。これは、行のそれぞれの列に入力する項目を特定するための目印になります。データは、列見出しの次の行から行を開けずに、1行ずつ各項目のセルにデータを入力していきます。このようにして入力したデータの集まりがテーブルとなります。テーブルには、最初からすべてのデータを入力する必要がありません。必要になったら、いつでも追加できます。

データベース機能を利用するには、データベースを「フィールド」と「レコード」から構成される表にする必要があります。

◆表の構成

データベース用の表では、1件分のデータを横1行で管理します。

❶列見出し（フィールド名）

データを分類する項目名です。列見出しは必ず設定し、レコード部分と異なる書式にします。

❷フィールド

列単位のデータです。列見出しに対応した同じ種類のデータを入力します。

❸レコード

行単位のデータです。1件分のデータを入力します。

◆表作成時の注意点

データベース用の表を作成する際に、次のような点に注意します。

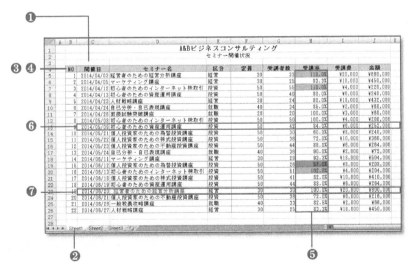

❶隣接するセルにはデータを入力しない

　データベースのセル範囲を自動的に認識させるには、隣接するセルを空白にしておきます。セル範囲を手動で選択する手間が省けるので、効率的に操作できます。

❷1枚のシートに一つの表を作成する

　1枚のシートに複数の表が作成されている場合、一方の抽出結果が、もう一方に影響することがあります。できるだけ、1枚のシートに一つの表を作成するようにしましょう。

❸先頭列は列見出しにする

　表の先頭行には、必ず列見出しを入力します。

　列見出しをもとに、並べ替えやフィルターが実行されます。

❹列見出しは異なる書式にする

　列見出しは、太字にしたり塗りつぶしの色を設定したりして、レコードと異なる書式にします。先頭行が見出しであるかレコードであるかは、書式が異なるかどうかによって認識されます。

❺フィールドには同じ種類のデータを入力する

　一つのフィールドには、同じ種類のデータを入力します。文字列と数値を混在させないようにしましょう。

❻1件分のデータを横1行で入力する

　1件分のデータを横1行に入力します。複数行に分けて入力すると、意図したとおりに並べ替えやフィルターが行われません。

❼セルの先頭に余分な空白は入力しない

　セルの先頭に余分な空白を入力してはいけません。余分な空白が入力されていると、意図したとおりに並べ替えやフィルターが行われないことがあります。

インデント

参考

　セルの先頭に空白を入れる場合は、「ホーム」タブ➡「配置」グループの　（インデント）を空白の文字数分クリックします。インデントを設定しても、実際のデータは変わらないので、並べ替えやフィルターに影響しません。

5.3 データを並べ替える

データを、ある項目の内容に基準にして順番に並べ替えることを「ソート」と言い、並べ替えの順序の基準になる項目を「キー」といいます。

EXCEL でソートを実行すると、行を単位として並べ替えが行われます。また、キーの値が同じ行は順序が変わりません。同じキーの行を、さらに別のキーで並べ替えたいときは、先にそのキーでソートを行っておきます。

並べ替えの順序には「昇順」と「降順」があります。

✧ 昇順		✧ 降順	
データ	順序	データ	順序
数値	0 → 9	数値	9 → 0
英字	A → Z	英字	Z → A
日付	古 → 新	日付	新 → 古
かな	あ → ん	かな	ん → あ
JIS コード	小 → 大	JIS コード	大 → 小

※空白セルは、昇順でも降順でも表の末尾に並べます。

キーを指定して、表を並べ替えましょう。

「フォルダー「第5章」のブック「データベースの利用」のシート「Sheet1」を開いておきましょう。

5.3.1 数値の並べ替え

並べ替えのキーが一つの場合は、 ⬆ （昇順） ⬇ （降順）を使うと簡単です。

例：「金額」が高い順に並べ替えましょう。

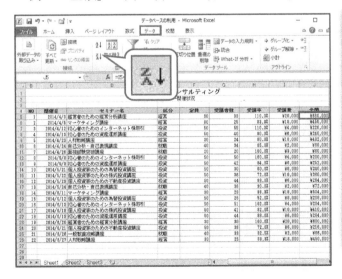

並べ替えのキー（金額）となるセルを選択します。
①セル【J5】をクリックします。
※表内の J 列のセルであれば、どこでもかまいません。
②データタブを選択します。
③並べ替えとフィルターグループの ⬇ （降順）をクリックします。

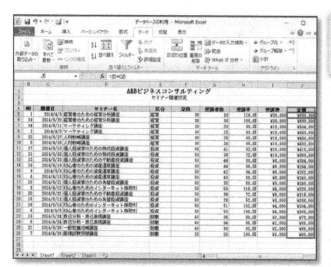

「金額」が高い順に並べ替えられます。

次に、「NO」順に並べ替えます。

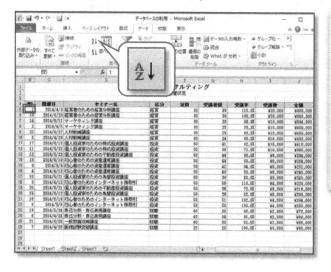

④セル【B5】をクリックします。
※表内のB列のセルであれば、どこでもかまいません。
⑤並べ替えとフィルターグループの ↓ （昇順）をクリックします。

「NO」順に並べ替えられます。

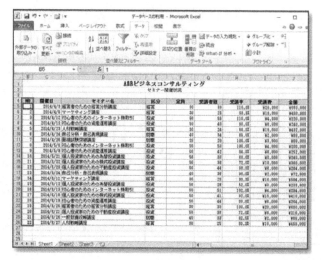

Point

表のセル範囲の認識

　表内の任意のセルを選択して並べ替えを実行すると、自動的にセル範囲が認識されます。

　セル範囲を正しく認識させるには、隣接するセルを空白にしておきます。

参考 1　表を元の順番に戻す

　並べ替えを実行した後、表を元の順序に戻す可能性がある場合は、連番を入力したフィールドをあらかじめ用意しておきます。また、並べ替えを実行した直後であれば、 **り** （元に戻す）で元に戻ります。

参考 2　その他の方法（昇順・降順で並べ替え）

◆キーとなるセルを選択➡「ホーム」タブ➡「編集」グループの （並べ替えとフィルター）➡「昇順」または「降順」

◆キーとなるセルを右クリック➡「並べ替え」➡「昇順」または「降順」

タスク

「受講率」が高い順に並べ替えましょう。

ヒント：①セル【H5】をクリック
　　　　②「データ」タブを選択
　　　　③「並べ替えとフィルター」グループの降順をクリック
　　　　※次の操作のために、「NO」順に並べ替えておきましょう。

5.3.2 日本語の並べ替え

漢字やひらがな、カタカナなどの日本語のフィールドをキーに並べ替えると、五十音順になります。漢字を入力すると、ふりがな情報も一緒にセルに格納されます。漢字は、そのふりがな情報を元に並べ替えられます。

例：「セミナー名」を五十音順（あ→ん）に並べ替えましょう。

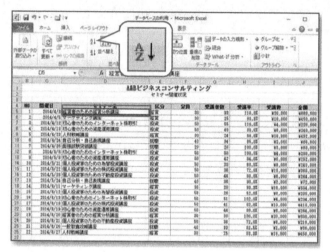

並べ替えのキー（セミナー名）となるセルを選択します。
①セル【D5】をクリックします。
※表内のD列のセルであれば、どこでもかまいません。
②並べ替えとフィルターグループの ↓ （昇順）をクリックします。

「セミナー名」が五十音順に並べ替えられます。

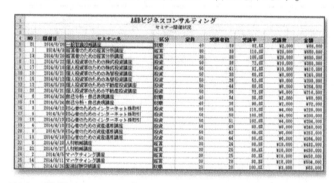

※次の操作のために、「NO」順に並べ替えておきましょう。

ふりがなの表示

NO	開催日	セミナー名	区分
1	2014/04/03	経営者のための経営分析講座	経営
2	2014/04/05	マーケティング講座	経営
3	2014/04/12	初心者のためのインターネット株取引	投資
4	2014/04/13	初心者のための資産運用講座	投資
5	2014/04/23	人材戦略講座	経営

セルに格納されているふりがなを表示するには、セルを選択して、「ホーム」タブ➡「フォント」グループ➡ $\frac{\text{ア}}{\text{亜}}$ ▾（ふりがなの表示／非表示）をクリックします。

※表示したふりがなを非表示にするには、$\frac{\text{ア}}{\text{亜}}$ ▾（ふりがなの表示／非表示）を再度クリックします。

ふりがなの編集

参考 2

NO	開催日	セミナー名	区分
1	2014/04/03	ケイエイシャ ケイエイブンセキコウザ 経営者のための経営分析講座	経営
2	2014/04/05	コウザ マーケティング講座	経営
3	2014/04/12	ショシンシャ カブトリヒキ 初心者のためのインターネット株取引	投資
4	2014/04/13	ショシンシャ シサン ウンヨウコウザ 初心者のための資産運用講座	投資
5	2014/04/23	ジンザイセンリャクコウザ 人材戦略講座	経営

表示されているふりがなを編集するには、セルを選択して、$\frac{\text{ア}}{\text{亜}}$ ▾（ふりがなの表示／非表示）の ▾ ➡ $\frac{\text{ア}}{\text{亜}}$ ふりがなの編集(E)（ふりがなの編集）をクリックします。ふりがなの末尾にカーソルが表示され、編集できる状態になります。

5.3.3 複数のキーによる並べ替え

複数のキーで並べ替えるには、$\begin{smallmatrix}A&Z\\Z&A\end{smallmatrix}$（並べ替え）を使います。

例：「定員」が多い順に並べ替え、「定員」が同じ場合は、「受講者数」が多い順に並べ替えましょう。

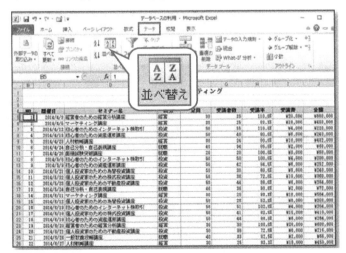

①セル【F5】をクリックします。
※表内のセルであれば、どこでもかまいません。
②データタブを選択します。
③並べ替えとフィルターグループの $\begin{smallmatrix}A&Z\\Z&A\end{smallmatrix}$（並べ替え）をクリックします。

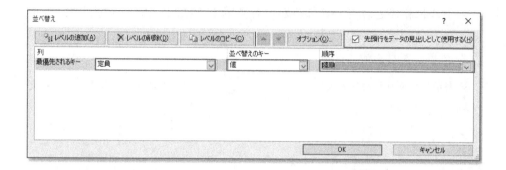

並べ替えダイアログボックスが表示されます。

④先頭行をデータの見出しとして使用する（H）を☑にします。

※表の先頭行に列見出しがある場合は☑、列見出しがない場合は□にします。

⑤最優先されるキーの∨をクリックし、一覧から定員を選択します。

⑥並べ替えのキーが値になっていることを確認します。

⑦順序の∨をクリックし、一覧から降順を選択します。

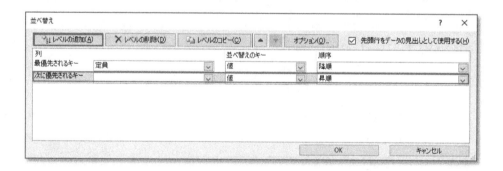

2番目に優先されるキーを設定します。

⑧レベルの追加（A）をクリックします。

次に優先されるキーが表示されます。

次に、2番目優先されるキーを設定します。

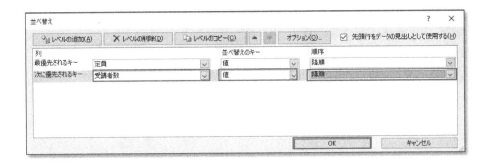

⑨次に優先されるキーの列の ∨ をクリックし、一覧から 受講者数 を選択します。

⑩並べ替えのキーが 値 になっていることを確認します。

⑪順序の ∨ をクリックし、一覧から 降順 を選択します。

⑫ OK をクリックします。

データが並べ替えられます。

	NO	開催日	セミナー名	区分	定員	受講者数	受講率	受講費	金額
			A&Bビジネスコンサルティング						
			セミナー開催状況						
5	3	2014/4/12	初心者のためのインターネット株取引	投資	50	55	110.0%	¥4,000	¥220,000
6	16	2014/6/13	初心者のためのインターネット株取引	投資	50	51	102.0%	¥4,000	¥204,000
7	8	2014/5/9	初心者のためのインターネット株取引	投資	50	50	100.0%	¥4,000	¥200,000
8	12	2014/5/23	個人投資家のための不動産投資講座	投資	50	44	88.0%	¥6,000	¥264,000
9	18	2014/6/19	初心者のための資産運用講座	投資	50	44	88.0%	¥6,000	¥264,000
10	9	2014/5/9	初心者のための資産運用講座	投資	50	42	84.0%	¥6,000	¥252,000
11	17	2014/6/18	個人投資家のための株式投資講座	投資	50	41	82.0%	¥10,000	¥410,000
12	4	2014/4/18	初心者のための資産運用講座	投資	50	40	80.0%	¥6,000	¥240,000
13	11	2014/5/22	個人投資家のための株式投資講座	投資	50	36	72.0%	¥10,000	¥360,000
14	10	2014/6/21	個人投資家のための不動産投資講座	投資	50	36	72.0%	¥6,000	¥216,000
15	10	2014/5/21	個人投資家のための為替投資講座	投資	50	30	60.0%	¥8,000	¥240,000
16	15	2014/6/12	個人投資家のための為替投資講座	投資	50	26	52.0%	¥8,000	¥208,000
17	13	2014/5/24	自己分析・自己表現講座	就職	40	36	90.0%	¥2,000	¥72,000
18	6	2014/4/24	自己分析・自己表現講座	就職	40	34	85.0%	¥2,000	¥68,000
19	21	2014/6/26	一般教養攻略講座	就職	40	33	82.5%	¥2,000	¥66,000
20	1	2014/4/3	経営者のための経営分析講座	経営	30	33	110.0%	¥20,000	¥660,000
21	19	2014/6/20	経営者のための経営分析講座	経営	30	30	100.0%	¥20,000	¥600,000
22	14	2014/6/11	マーケティング講座	経営	30	28	93.3%	¥18,000	¥504,000
23	2	2014/4/5	マーケティング講座	経営	30	25	83.3%	¥18,000	¥450,000
24	22	2014/6/27	人材戦略講座	経営	30	25	83.3%	¥18,000	¥450,000
25	5	2014/4/23	人材戦略講座	経営	30	24	80.0%	¥18,000	¥432,000
26	7	2014/4/28	面接試験突破講座	就職	20	20	100.0%	¥3,000	¥60,000

※次の操作のために、「NO」順に並べ替えておきましょう。

Point 並べ替えのキー

1回の並べ替えで指定できるキーは、最大64レベルです。

その他の方法（複数キーによる並べ替え）

参考

◆表内のセルを選択➡「ホーム」タブ➡「編集」グループの （並べ替えとフィルター）➡「ユーザー設定の並べ替え」

◆表内のセルを右クリック➡「並べ替え」➡「ユーザー設定の並べ替え」

タスク

「区分」を昇順で並べ替え、「区分」が同じ場合は「金額」を昇順で並べ替えましょう。

ヒント：①セル【B5】をクリック

②「データ」タブを選択

③「並べ替えとフィルター」グループの 🔠 （並べ替え）をクリック

④「先頭行をデータの見出しとして使用する」を☑にする

⑤「最優先されるキー」の「列」の ˅ をクリックし、一覧から 区分 を選択

⑥「並べ替えのキー」が 値 になっていることを確認

⑦「順序」の ˅ をクリックし、一覧から 昇順 を選択

⑧「レベルの追加」をクリック

⑨「次に優先されるキー」の列の ˅ をクリックし、一覧から 金額 を選択

⑩「並べ替えのキー」が 値 になっていることを確認

⑪「順序」の ˅ をクリックし、一覧から 昇順 を選択

⑫ OK をクリック

※次の操作のために、「NO」順に並べ替えておきましょう。

5.3.4　色で並べ替え

セルにフォントの色、または、塗りつぶしの色が設定されている場合、その色をキーにデータを並べ替えることができます。

例：「受講率」が 100％より大きいセルは、あらかじめオレンジ色で塗りつぶされています。

「受講率」のセルがオレンジ色のレコードが表の上部に来るように並べ替えましょう。

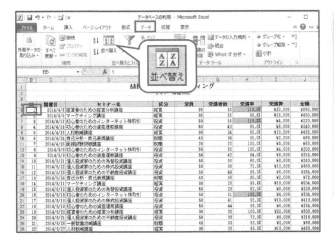

①セル【B5】をクリックします。

※表内のセルであれば、どこでもかまいません。

②データタブを選択します。

③並べ替えとフィルターグループの [並べ替え] （並べ替え）をクリックします。

列		並べ替えのキー	順序	
最優先されるキー	受講率	セルの色		上

並べ替えダイアログボックスが表示されます。

④先頭行をデータの見出しとして使用する（H）を☑にします。

⑤最優先されるキーの列の∨をクリックし、一覧から 受講率 を選択します。

⑥並べ替えのキーの∨をクリックし、一覧から セルの色 を選択します。

⑦順序の∨をクリックし、一覧から オレンジ色 を選択します。

⑧順序が 上 になっていることを確認します。

⑨ OK をクリックします。

セルがオレンジ色のレコードが表の上部に配置されます。

その他の方法（セルの色で並べ替え）

参考 ◆キーとなるセルを右クリック➡「並べ替え」➡「選択したセルの色を上に表示」

タスク

　「受講率」が60％未満のセルは、あらかじめ黄緑色で塗りつぶされています。「受講率」のセルが黄緑色のレコードが表の下部に来るように並べ替えましょう。

ヒント：①セル【B5】をクリック

　　　　②「データ」タブを選択

　　　　③「並べ替えとフィルター」グループの ▨（並べ替え）をクリック

　　　　④「先頭行をデータの見出しとして使用する」を☑にする

　　　　⑤「最優先されるキー」の「列」の ▽ をクリックし、一覧から 受講率 を選択

　　　　⑥「並べ替えのキー」の ▽ をクリックし、一覧から セルの色 を選択

　　　　⑦「順序」の ▽ をクリックし、一覧から 黄緑色 を選択

　　　　⑧「順序」の ▽ をクリックし、一覧から 下 を選択

　　　　⑨ ［ OK ］ をクリック

「フィルター」を使うと、条件を満たすレコードだけを抽出できます。

条件を満たすレコードだけが表示され、条件を満たさないレコードは一時的に非表示になります。

5.4.1 フィルターの実行

条件を指定して、フィルターを実行しましょう。

例：「区分」が「投資」と「経営」のレコードを抽出しましょう。

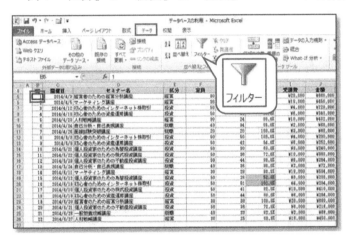

①セル【B5】をクリックします。
②データタブを選択します。
③並べ替えとフィルターグループの （フィルター）をクリックします。

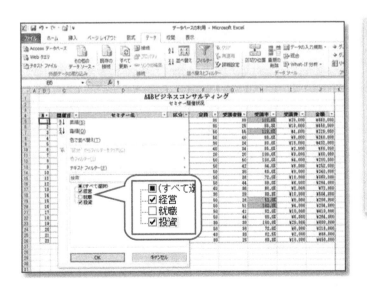

列見出しに▽が付き、フィルターモードになります。
④「区分」の▽をクリックします。
⑤「就職」を□にします。
⑥ OK をクリックします。

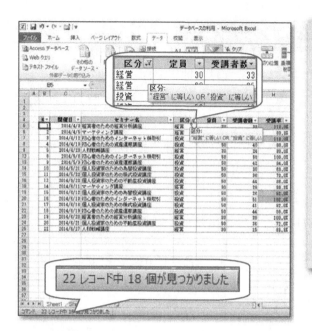

22 レコード中 18 個が見つかりました

指定した条件でレコードが抽出され
ます。

⑦「区分」の▼が▼になっているこ
とを確認します。

⑧「区分」の▼をポイントします。
ポップヒントに指定した条件が表示
されます。

※抽出されたレコードの行番号が青色にな
ります。条件を満たすレコードの件数がス
テータスバーに表示されます。

その他の方法（フィルター）

参考

◆表内のセルを選択 ➜「ホーム」タブ ➜「編集」グループの ![並べ替えとフィルター] （並
べ替えとフィルター）➜「フィルター」

◆ Ctrl + Shift + L

現在の抽出結果を、さらに「開催日」が「6月」のレコードに絞り込みましょう。

①「開催日」の▼をクリックします。
②すべて選択を□にします
※下位の項目がすべて□になります。
③「6月」を☑にします。
④ OK をクリックします。

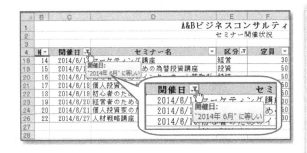

指定した条件でレコードが抽出されます。

⑤「開催日」の▼が になっていることを確認します。

⑥「開催日」の をポイントします。ポップヒントに指定した条件が表示されます。

　フィルターの条件をすべてクリアして、非表示になっているレコードを再表示しましょう。

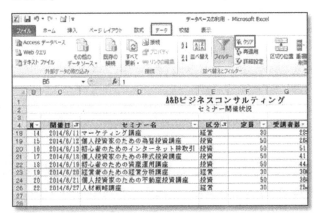

①データタブを選択します。

②並べ替えとフルターグループの クリア （クリア）をクリックします。

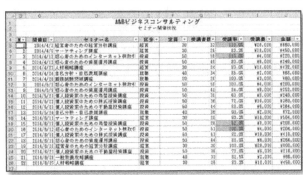

「開催日」と「区分」の条件が両方ともクリアされ、すべてのレコードが表示されます。

③「開催日」と「区分」の が▼になっていることを確認します。

タスク

　「セミナー名」が「初心者のためのインターネット株取引」と「初心者のための資産運用講座」のレコードを抽出しましょう。

ヒント：　①「セミナー名」の ▾ をクリック

　　　　　②「（すべて選択）」を□にする

　　　　　③「初心者のためのインターネット株取引」を☑にする

　　　　　④「初心者のための資産運用講座」を☑にする

　　　　　⑤　 OK 　をクリック

5.4.2　色フィルターの実行

　セルにフォントの色や塗りつぶしの色が設定されている場合は、その色を条件にフィルターを実行できます。

　例：「受講率」が100％より大きいセルは、あらかじめオレンジ色で塗りつぶされています。「受講率」のセルがオレンジ色のレコードを抽出しましょう。

①「受講率」の ▾ をクリックします。

②色フィルターをポイントします。

③ オレンジ色 をクリックします。

セルがオレンジ色のレコードが抽出されます。

※次の操作のために、 ▾ クリア （クリア）をクリックし、条件をクリアしておきましょう。

タスク

「受講率」が60%未満のセルは、あらかじめ黄緑色で塗りつぶされています。
「受講率」のセルが黄緑色のレコードを抽出しましょう。

ヒント：① 「受講率」の▼をクリック
　　　　② 「色フィルター」をポイント
　　　　③ 黄緑色 をクリック

5.4.3　詳細なフィルターの実行

　フィールドに入力されているデータの種類に応じて、詳細なフィルターを実行できます。

フィールドの データの種類	詳細なフィルター	抽出条件の例
文字列	テキストフィルター	○○○で始まる、○○○で終わる ○○○を含む、○○○を含まない 　　　　　　　　　　　　　　　　など
数値	数値フィルター	○○以上、○○以下 ○○より大きい、○○より小さい ○○以上○○以下 上位○件、下位○件 　　　　　　　　　　　　　　　　など
日付	日付フィルター	昨日、今日、明日、 昨年、今年、来年、 ○年○月○日より前、 ○年○月○日より後、 ○年○月○日から○年○月○日まで 　　　　　　　　　　　　　　　　など

◆テキストフィルター

データの種類が文字列のフィールドでは、「テキストフィルター」が用意されています。

特定の文字列で始まるレコードや特定の文字列を一部に含むレコードを抽出できます。

例：「セミナー名」に「株」を含まれるレコードを抽出しましょう。

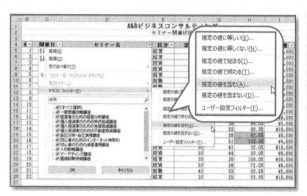

①「セミナー名」の▼をクリックします。

②テキストフィルターをポイントします。

③指定の値を含む(A)をクリックします。

オートフィルターオプションダイアログボックスが表示されます。

④左上のボックスに「株」と入力します。

⑤右上のボックスが を含む になっていることを確認します。

⑥ OK をクリックします。

「セミナー名」に「株」が含まれるレコードが抽出されます。

「検索」ボックスを使ったフィルター

参考

列見出しの▼をクリックと、表示される「検索」ボックスを使って、特定の文字列を一部に含むレコードを抽出できます。

◆数値フィルター

データの種類が数値のフィールドでは、「数値フィルター」が用意されます。
「〜以上」「〜未満」「〜から〜まで」のように範囲のある数値を抽出したり、上位または下位の数値を抽出したりできます。

例：「金額」が高いレコードの上位5件を抽出しましょう。

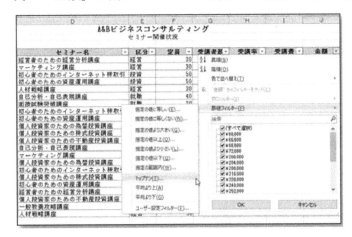

①「金額」の▼をクリックします。
②数値フィルターをポイントします。
③トップテンをクリックします。

トップテンオートフィルターダイアログボックスが表示されます。

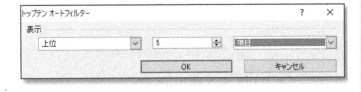

④左のボックスが上位になっていることを確認します。
⑤中央のボックスを5に設定します。
⑥右のボックスが項目になっていることを確認します。
⑦ OK をクリックします。

「金額」が高いレコードの上位 5 件が抽出されます。

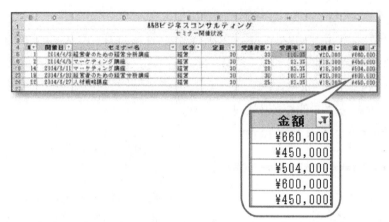

※次の操作のために、クリア（クリア）をクリックし、条件をクリアしておきましょう。

パーセントを使った抽出

参考

「トップテンオートフィルター」ダイアログボックスを使って、上位○%に含まれる項目、下位○%に含まれる項目を抽出することもできます。

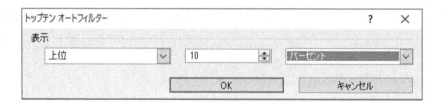

◆日付フィルター

データの種類が日付のフィールドでは、「日付フィルター」が用意されます。

コンピューターの日付を元に「今日」や「昨日」、「今年」や「昨年」のようなレコードを抽出できます。また、ある日付からある日付までのように期間を指定して抽出することもできます。

例：「開催日」が「2014/5/16」から「2014/5/31」までのレコードを抽出しましょう。

①「開催日」の ▼ をクリックします。

②日付フィルター (F) をポイントします。

③指定の範囲内 (W) をクリックします。

オートフィルターオプション ダイアログボックスが表示されます。

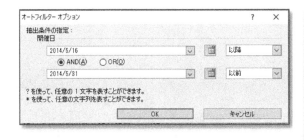

④左上のボックスに「2014/5/16」と入力します。

※「5/16」のように西暦年を省略して入力すると、現在の西暦年として認識します。

⑤右上のボックスが 以降 になっていることを確認します。

⑥ AND(A) を ⦿ にします。

⑦左下のボックスに 2014/5/31 と入力します。

⑧右下のボックスが 以前 になっていることを確認します。

⑨ OK をクリックします。

「2014/5/16」から「2014/5/31」までのレコードを抽出されます。

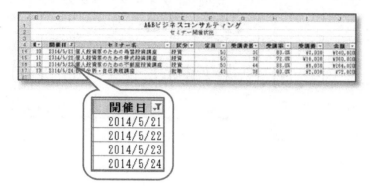

※次の操作のために、 ☒クリア （クリア）をクリックし、条件をクリアしておきましょう。

日付の選択

「トップテンオートフィルター」ダイアログボックスの 🔳 （日付
の選択）をクリックすると、カレンダーが表示されます。カレンダー
から日付を選択して、抽出条件の日付を指定することもできます。

5.4.4　フィルターの解除

フィルターモードを解除しましょう。

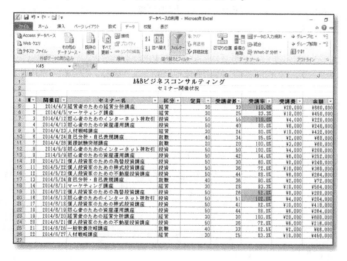

①データタブを選択します。
②並べ替えとフィルターグ
ループの ▽ （フィルター）
をクリックします。

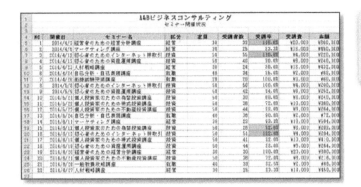

③フィルターモードが解除されます。

フィルターモードの並べ替え

フィルターモードで並べ替えを実行できます。

並べ替えのキーになる列見出しの▼をクリックし、昇順 (S) または降順 (O) を選択します。

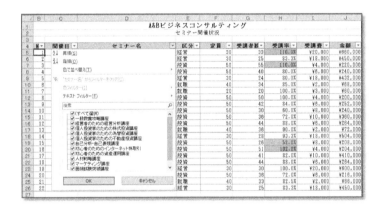

5.5　ウィンドウ枠の固定

　大きな表で、表の下側や右側を確認するために、画面をスクロールすると、表の見出しが見えなくなることがあります。

　ウィンドウ枠を固定すると、スクロールしても常に見出しが表示されます。

例：1～4行目の見出しを固定しましょう。

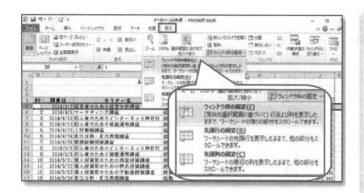

①1～4行目が表示されていることを確認します。
※固定する見出しを画面に表示しておく必要があります。
②行番号【5】をクリックします。
※固定する行の下の行を選択します。
③表示タブを選択します。
④ウィンドウグループの ⊞ウィンドウ枠の固定 ▾（ウィンドウ枠の固定）をクリックします。
⑤ウィンドウ枠の固定（F）をクリックします。

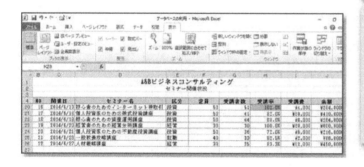

1～4行目が固定されます。
⑥シートを下方向にスクロールし、1～4行目が固定されていることを確認します。

Point　　　　ウィンドウ枠固定の解除

　固定したウィンドウ枠を解除する方法は、次の通りです。

◆「表示」タブ→「ウィンドウ」グループの ⊞ウィンドウ枠の固定 ▾ （ウィンドウ枠の固

定）→ ⊞ ウィンドウ枠固定の解除(E)　行と列の固定を解除して、ワークシート全体をスクロールするようにします。 （ウィンドウ枠固定の解除）

行と列の固定

列を固定したり、行と列を同時に固定したりできます。

あらかじめ選択しておく場所によって、ウィンドウ枠の固定方法が異なります。

◆列の固定

列を選択してウィンドウ枠を固定すると、選択した列の左側が固定されます。

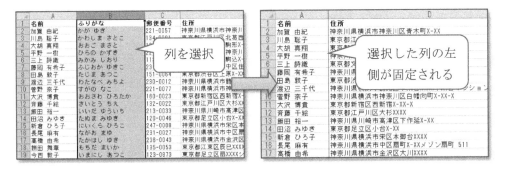

◆行と列の固定

セルを選択してウィンドウ枠を固定すると、選択したセルの上側と左側が固定されます。

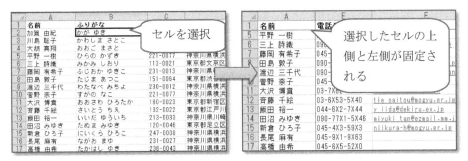

5.6 データを集計する

「集計」は、表のデータをグループに分類して、グループごとに集計する機能です。集計を使うと、項目ごとの合計を求めたり、平均を求めたりできます。

5.6.1 集計の実行

「支店」ごとに「売上目標」と「売上実績」を集計しましょう。

 「フォルダー「第5章」のブック「データベースの活用」のシート「2011年度」を開いておきましょう。

集計を行うには、あらかじめ集計するグループごとに表を並べ替えておく必要があります。

表を「支店」ごとに並べ替えましょう。

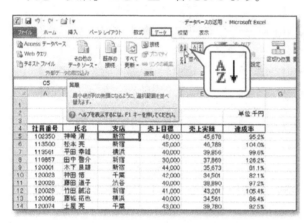

①セル【C5】をクリックします。
※表内のC列のセルであれば、どこでもかまいません。
②データタブを選択します。
③並べ替えとフィルターグループの $\frac{A}{Z}\downarrow$（昇順）をクリックします。

「支店」ごとに並べ替えられます。

	A	B	C	D	E	F
1			予実管理シート			
2						単位:千円
3						
4	社員番号	氏名	支店	売上目標	売上実績	達成率
5	135210	佐藤 一郎	銀座	40,000	42,500	106.3%
6	135294	島田 誠	銀座	39,000	42,011	107.7%
7	135699	佐伯 三郎	銀座	38,000	26,781	70.5%
8	137100	上田 伸二	銀座	40,000	35,401	88.5%
9	137465	島木 敬一	銀座	38,000	45,929	120.9%
10	141200	川崎 理菜	銀座	35,000	30,210	86.3%
11	156210	小谷 孝司	銀座	33,000	33,002	100.0%
12	120026	藤田 道子	渋谷	40,000	38,890	97.2%
13	132651	橋本 正雄	渋谷	38,000	39,271	103.3%
14	135260	阿部 次郎	渋谷	41,000	37,689	91.9%
15	142151	武田 真	渋谷	34,000	33,002	97.1%
16	164120	中野 博	渋谷	30,000	29,785	99.3%
17	164587	鈴木 陽子	渋谷	28,000	24,501	87.5%
18	168111	新谷 則夫	渋谷	28,000	28,901	103.2%
19	174100	浜田 正人	渋谷	25,000	30,405	121.6%
20	190012	高城 健一	渋谷	22,000	21,301	96.8%
21	102350	神崎 清	新宿	48,000	45,678	95.2%
22	113500	松本 亮	新宿	45,000	46,789	104.0%
23	119857	田中 啓介	新宿	30,000	37,869	126.2%
24	120001	木下 良雄	新宿	44,000	35,673	81.1%
25	120029	竹田 誠治	新宿	41,000	43,201	105.4%
26	120103	内山 雅夫	新宿	40,000	39,781	99.5%
27	133520	秋野 美江	新宿	38,000	30,790	81.0%

「支店」ごとに「売上目標」と「売上実績」をそれぞれ合計する集計行を追加しましょう。

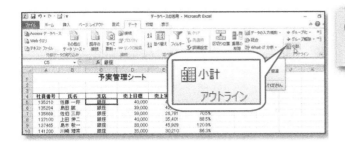

④アウトライングループの ▦小計
（小計）をクリックします。

集計の設定ダイアログボックスが表示されます。

⑤グループの基準（A）の ∨ を
クリックし、一覧から「支店」
を選択します。

⑥集計の方法（U）が 合計 に
なっていることを確認します。

⑦集計するフィールド（D）の
「売上目標」と「売上実績」を ☑、
達成率を □ にします。

⑧ OK をクリックします。

「支店」ごとに集計行が追加さ
れ、「売上目標」と「売上実績」
の合計が表示されます。

※表の最後行には、全体の合計を表示する集計行が追加されます。

※集計を実行すると、アウトラインが自動的に作成され、行番号の左側にアウトライン記号が表示さ
れます。

次に、「支店」ごとに「売上目標」と「売上実績」をそれぞれ平均する集計行を追加
しましょう。

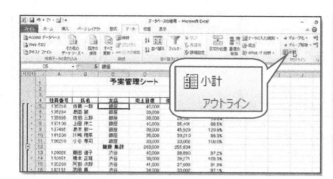

①セル【C5】をクリックします。

②データタブを選択します。

③アウトライングループの

小計（小計）をクリックします。

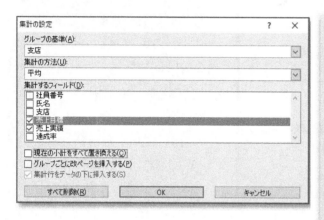

④グループの基準（A）の∨をクリックし、一覧から「支店」を選択します。

⑤集計の方法（U）の∨をクリックし、一覧から平均を選択します。

⑥集計するフィールド（D）の「売上目標」と「売上実績」を☑になっていることを確認します。

⑦現在の小計をすべて置き換える（C）を□します。

⑧ OK をクリックします。

※現在の小計をすべて置き換える（C）を☑にすると、既存の集計行が削除され、新規の集計行に置き換わります。□にすると、既存の集計行に新規の集計行が追加されます。

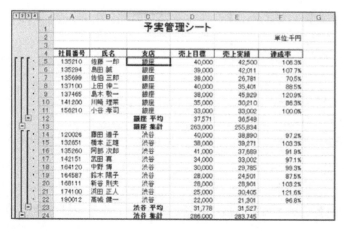

「支店」ごとに集計行が追加され、「売上目標」と「売上実績」の平均が表示されます。

※表の最後行には、全体の平均を表示する集計行が追加されます。

集計行の数式

　集計行のセルには、「SUBTOTAL 関数」が自動的に設定されます。

SUBTOTAL 関数

$\boxed{= \text{SUBTOTAL}（集計方法, セル範囲）}$

数値を集計します。

集計方法：集計方法に応じて、関数を番号で指定します。

　　　　　1：AVERAGE

　　　　　2：COUNT

　　　　　4：MAX

　　　　　5：MIN

　　　　　9：SUM

セル範囲：集計するセル範囲を指定します。

Point　　　　　　　　　**集計行の削除**

　集計行を削除して、もとの表に戻す方法は、次の通りです。

　◆表内のセルを選択➡「データ」タブ➡「アウトライン」グループの　小計
（小計）➡「すべて削除」

5.6.2　アウトラインの操作

　集計を実行すると、表に自動的に「アウトライン」が作成されます。

　アウトラインが作成された表は構造によって階層化され、行や列にレベルが設定されます。必要に応じて、上位レベルだけ表示したり、全レベルを表示したりできます。

　アウトライン記号を使って、集計行だけを表示しましょう。

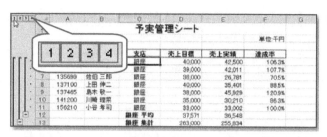

①行番号の左の|1|をクリックします。

全体の集計行が表示されます。
②行番号の左の|3|をクリックします。

全体の集計行とグループごとの集計行が表示されます。

	社員番号	氏名	支店	売上目標	売上実績	達成率
12			銀座 平均	37,571	36,548	
13			銀座 集計	263,000	255,834	
23			渋谷 平均	31,778	31,527	
24			渋谷 集計	286,000	283,745	
34			新宿 平均	40,222	39,632	
35			新宿 集計	362,000	356,691	
45			千葉 平均	32,333	30,836	
46			千葉 集計	291,000	277,527	
53			浜松町 平均	27,167	26,960	
54			浜松町 集計	163,000	161,757	
69			横浜 平均	31,857	32,024	
70			横浜 集計	446,000	448,334	
71			全体の平均	33,537	33,035	
72			総計	1,811,000	1,783,888	

アウトライン記号

参考　アウトライン記号の役割は、次の通りです。

	社員番号	氏名	支店	売上目標	売上実績	達成率
12			銀座 平均	37,571	36,548	
13			銀座 集計	263,000	255,834	
23			渋谷 平均	31,778	31,527	
24			渋谷 集計	286,000	283,745	
34			新宿 平均	40,222	39,632	
35			新宿 集計	362,000	356,691	
45			千葉 平均	32,333	30,836	
46			千葉 集計	291,000	277,527	
53			浜松町 平均	27,167	26,960	
54			浜松町 集計	163,000	161,757	
69			横浜 平均	31,857	32,024	
70			横浜 集計	446,000	448,334	
71			全体の平均	33,537	33,035	
72			総計	1,811,000	1,783,888	

❶指定したレベルのデータを表示します。

❷グループの詳細データを非表示にします。

❸グループの詳細データを表示します。

❹グループの詳細データを非表示にします。

5.7　表をテーブルに変換する

　表を「テーブル」に変換すると、書式設定やデータベース管理が簡単に行えるようになります。

　テーブルには、次のような特長があります。

社員番号	氏名	支店	売上目標	売上実績	達成率
				単位:千円	
102350	神崎 渚	新宿	48,000	45,678	95.2%
113500	松本 亮	新宿	45,000	46,789	104.0%
119857	田中 啓介	新宿	30,000	37,869	126.2%
120001	木下 良雄	新宿	44,000	35,673	81.1%
120029	竹田 誠治	新宿	41,000	43,201	105.4%
120109	内山 雅夫	新宿	40,000	39,781	99.5%
133520	秋野 美江	新宿	38,000	30,790	81.0%
133549	中村 仁	新宿	38,000	36,781	96.8%
133799	津島 貴子	新宿	38,000	40,129	105.6%
120026	藤田 道子	渋谷	40,000	38,890	97.2%
132651	楠本 正雄	渋谷	38,000	39,271	103.3%
135260	阿部 次郎	渋谷	41,000	37,689	91.9%
142151	武田 真	渋谷	34,000	33,002	97.1%
164120	中野 博	渋谷	30,000	29,785	99.3%
164587	鈴木 陽子	渋谷	28,000	24,501	87.5%
168111	新谷 則夫	渋谷	28,000	28,901	103.2%

◆テーブルスタイルが適用される。

Excelにあらかじめ用意されているテーブルスタイルが適用され、表全体の見栄えを簡単に整えることができます。

社員番号	氏名	支店	売上目標	売上実績	達成率
				単位:千円	
137100	上田 伸二	銀座	40,000	35,401	88.5%
141200	川崎 理菜	銀座	35,000	30,210	86.3%
156210	小谷 考司	銀座	33,000	33,002	100.0%
135699	佐伯 三郎	銀座	38,000	26,781	70.5%
135210	佐藤 一郎	銀座	40,000	42,500	106.3%
137465	島木 敬一	銀座	38,000	45,929	120.9%
135294	島田 誠	銀座	39,000	42,011	107.7%

◆フィルターモードになる。

フィルターモードになり、先頭行に▼が表示されます。▼をクリックし、一覧からフィルターや並べ替えを実行できます。

社員番号	氏名	支店	売上目標	売上実績	達成率
169524	佐藤 由美	千葉	31,000	26,834	86.6%
133111	曽根 学	千葉	40,000	41,239	103.1%
184520	田中 知夏	千葉	24,000	24,500	102.1%
120074	土屋 亮	千葉	43,000	39,780	92.5%
171210	花丘 理央	千葉	25,000	27,349	109.4%
163210	江田 京子	浜松町	28,000	23,405	83.6%
169577	小野 清	浜松町	30,000	34,568	115.2%
176521	久保 正	浜松町	24,000	20,102	83.8%
174561	小池 公凛	浜松町	27,000	30,102	111.5%
171230	斎藤 薫子	浜松町	26,000	30,123	115.9%
169555	笹木 進	浜松町	28,000	23,456	83.8%
166900	青山 千恵	横浜	24,000	22,010	91.7%
166540	石田 佩司	横浜	24,000	19,800	82.5%
171203	石田 満	横浜	25,000	21,960	87.9%
133250	唐沢 利一	横浜	39,000	36,501	93.6%
132659	木内 美子	横浜	41,000	49,219	120.0%
169521	古賀 正輝	横浜	29,000	29,045	100.2%
166541	清水 幸子	横浜	29,000	30,120	103.9%
120099	近田 文雄	横浜	45,000	46,102	102.4%
142510	中井 拓也	横浜	35,000	38,001	110.9%
192155	西村 孝太	横浜	22,000	29,390	133.6%
113561	平田 幸雄	横浜	40,000	39,856	99.6%
120069	藤城 拓也	横浜	40,000	34,561	86.4%
169874	堀田 陽	横浜	28,000	23,056	82.3%
175600	山本 博仁	横浜	25,000	27,883	111.6%

◆列番号が列見出しに置き換わります。

シートをスクロールすると、列番号が列見出しに置き換わります。

列見出しには、▼が表示されるので、スクロールした状態でもフィルターや並べ替えを行えます。

	A	B	C	D	E	F	
1			予実管理シート				
2						単位:千円	
3							
4	社員番号	氏名	支店	売上目標	売上実績	達成率	
50	169521	古賀 正輝	横浜	29,000	29,045	100.2%	
51	166541	清水 幸子	横浜	29,000	30,120	103.9%	
52	120099	近田 文雄	横浜	45,000	46,102	102.4%	
53	142510	中井 拓也	横浜	35,000	38,801	110.9%	
54	192155	西村 孝太	横浜	22,000	29,390	133.6%	
55	113561	平田 幸雄	横浜	40,000	39,856	99.6%	
56	120069	藤城 拓也	横浜	40,000	34,561	86.4%	
57	169874	堀田 隆	横浜	28,000	23,056	82.3%	
58	175600	山本 博仁	横浜	25,000	27,893	111.6%	
59	集計				1,783,888		

なし
平均
データの個数
数値の個数
最大値
最小値
合計
標本標準偏差
標本分散
その他の関数...

◆集計行を表示できます。
集計行を表示して、合計や平均などの集計ができます。

5.7.1 テーブルへの変換

テーブルに変換すると、自動的に「テーブルスタイル」が適用されます。テーブルスタイルは罫線や塗りつぶしの色などの書式を組み合わせたもので、表全体の見栄えを整えます。

表をテーブルに変換しましょう。

「フォルダー「第5章」のブック「データベースの活用」のシート「2012年度」を開いておきましょう。

	A	B	C	D	E	F	G
1			予実管理シート				
2						単位:千円	
3							
4	社員番号	氏名	支店	売上目標	売上実績	達成率	
5	102350	神崎 潔	新宿	48,000	46,890	97.7%	
6	113500	松本 亮	新宿	47,000	50,670	107.8%	
7	113561	平田 幸雄	横浜	41,000	30,891	75.3%	
8	119857	田中 啓介	新宿	35,000	34,562	98.7%	
9	120001	木下 良顕	新宿	41,000	40,392	98.5%	
10	120023	神田 悟	千葉	39,000	38,521	98.8%	
11	120026	藤田 道子	渋谷	41,000	34,501	84.1%	
12	120069	竹田 誠治	新宿	43,000	46,729	108.7%	
13	120069	藤城 拓也	横浜	38,000	36,510	96.1%	
14	120074	土屋 英	千葉	43,000	34,561	80.4%	
15	120089	近田 文雄	新宿	47,000	34,819	74.1%	
16	120103	内山 帷夫	新宿	41,000	42,100	102.7%	
17	132651	椿本 正雄	渋谷	40,000	39,719	99.3%	

①セル【A4】をクリックします。
※表内のセルであれば、どこでもかまいません。
②挿入タブを選択します。
③テーブルグループの (テーブル)をクリックします。

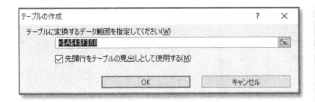

テーブルの作成ダイアログボックスが表示されます。
④テーブルに変換する範囲を指定してください（W）が =$A$4:$F$58 になっていることを確認します。
⑤先頭行をテーブルの見出しとして使用する（M）を☑します。
⑥ OK をクリックします。

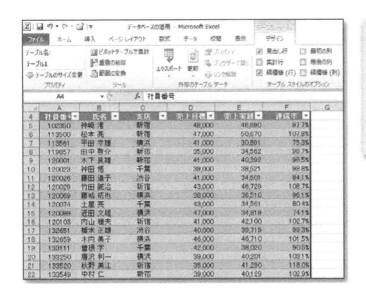

セル範囲がテーブルに変換され、テーブルスタイルが適用されます。
※リボンにデザインタブが追加され、自動的に切り替わります。

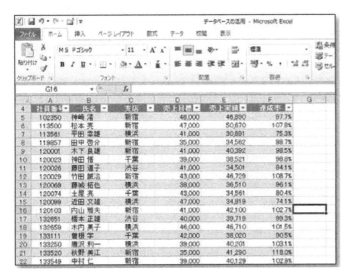

テーブル全体が選択された状態になっているので、選択を解除します。
⑦任意のセルをクリックします。
テーブルの選択が解除されます。

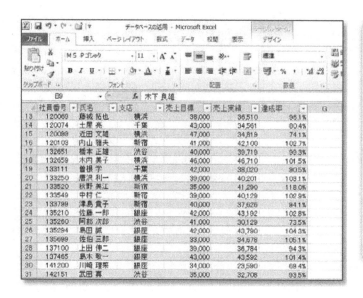

⑧セル【B9】をクリックします。

※テーブル内のセルであれば、どこでもかまいません。

⑨シートを下方向にスクロールし、列番号が列見出しに置き換わって、▼が表示されていることを確認します。

その他の方法（テーブルへの変換）

参考

◆ Ctrl + T

Point 1
もとになるセル範囲の書式

　もとになるセル範囲の書式を設定していると、ユーザーが設定した書式とテーブルスタイルの書式が重なって、見栄えが悪くなることがあります。

　テーブルスタイルを適用する場合は、元になるセル範囲の書式をあらかじめクリアしておきましょう。

　ユーザーが設定した書式を優先し、テーブルスタイルを適用しない場合は、テーブル変換後に「デザイン」タブ➡「デザインスタイル」グループの ▼ （その他）➡「クリア」を選択しましょう。

Point 2

セル範囲への変換

テーブルを、もとのセル範囲に戻す方法は、次の通りです。

◆テーブルを選択➡「デザイン」タブ➡「ツール」グループの ▣▣範囲に変換（範囲に変換）

※セル範囲に変換しても、テーブルスタイルの設定は残ります。

5.7.2 テーブルスタイルの設定

テーブルに適用されているテーブルスタイルを変更しましょう。

①セル【A5】をクリックします。

※テーブル内のセルであれば、どこでもかまいません。

②デザインタブを選択します。

③テーブルスタイルグループの ▾（その他）をクリックします。

④中間のテーブルスタイル（中間）5をクリックします。

テーブルスタイルが変更されます。

社員番号	氏名	支店	売上目標	売上実績	達成率
102350	神崎 清	新宿	48,000	46,890	97.7%
113500	松本 英	新宿	47,000	50,670	107.8%
113561	平田 幸雄	横浜	41,000	30,891	75.3%
119857	田中 啓介	新宿	35,000	34,562	98.7%
120001	木下 員雄	新宿	41,000	40,392	98.5%
120023	神田 悟	千葉	39,000	38,521	98.8%
120026	藤田 道子	渋谷	41,000	34,501	84.1%
120029	竹田 誠治	新宿	43,000	46,729	108.7%
120069	藤城 拓也	横浜	38,000	36,510	96.1%
120074	土屋 英	千葉	43,000	34,561	80.4%
120088	近田 文雄	横浜	47,000	34,819	74.1%
120103	内山 雅夫	新宿	41,000	42,100	102.7%
132651	楠木 正雄	渋谷	40,000	39,719	99.3%
132659	木内 美子	横浜	46,000	46,710	101.5%
133111	曽根 学	千葉	42,000	38,020	90.5%
133250	唐沢 利一	横浜	39,000	40,201	103.1%

参考　その他の方法（テーブルスタイルの設定）

◆表内のセルを選択➡「ホーム」タブ➡「スタイル」グループの
テーブルとして書式設定 ▾ （テーブルとして書式設定）

5.7.3　フィルターの利用

　初期の設定で、テーブルがフィルターモードになっています。列見出しの ▾ をクリックし、一覧からフィルターや並べ替えを実行できます。

　フィルターや並べ替えを実行しても、フィルターの抽出結果や並べ替え結果にテーブルスタイルが再適用されるので、表の見栄えがおかしくなることはありません。

　「支店」が「銀座」のレコードを抽出し、「売上実績」が高い順に並べ替えましょう。

①「支店」の ▾ をクリックします。
②（すべて選択）を□にします。
③「銀座」を☑にします。
④　OK　をクリックします。

「銀座」のレコードが抽出
されます。
⑤「売上実績」の▼をクリッ
クします。
⑥降順 (O) をクリックしま
す。

「売上実績」が高い順に並
べられます。

次に、すべてのレコードを表示し、元の順番に並べ替えましょう。

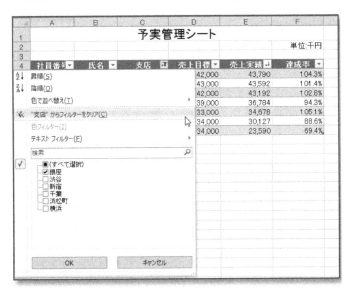

「支店」に設定した条件を
クリアします。
①「支店」の▼をクリック
します。
②"支店"からフィルター
をクリア (C) をクリックし
ます。

「支店」に設定したフィルターの条件がクリアされ、すべてのレコードが表示されます。
③「社員番号」の▼をクリックします。
④昇順（S）をクリックします。

※並べ替えを元に戻す機能はありせん、元に戻す必要がある場合は、表にあらかじめ連番の列見出しを設定しておく必要があります。

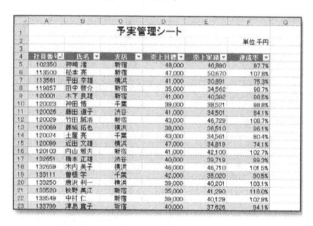

「社員番号」のごとに昇順で並べ替えられます。

5.7.4 集計行の表示

テーブルの最終行に集計行を表示して、合計や平均などの集計ができます。

テーブルの最終行に集計行を表示しましょう。

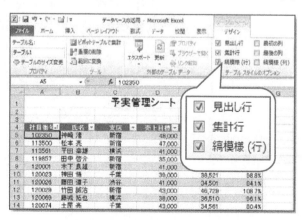

①テーブル内の任意のセルをクリックします。
②デザインタブを選択します。
③テーブルスタイルのオプショングループの集計行を☑にします。

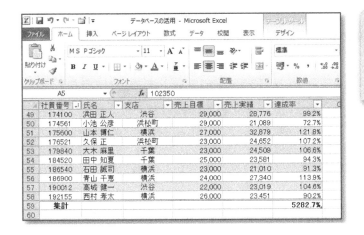

シートが自動的にスクロールされ、テーブルの最終行に集計行が表示されます。

「売上目標」と「売上実績」の合計を表示し、「達成率」の集計を非表示にしましょう。

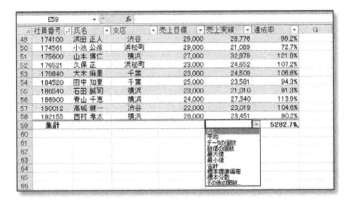

④集計行の「売上実績」のセル（セル【E59】）をクリックします。
⑤▼をクリックし、一覧から合計を選択します。

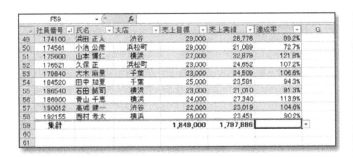

⑥集計行の「売上目標」のセル（セル【D59】）をクリックします。
⑦▼をクリックし、一覧から合計を選択します。
⑧集計行の「達成率」のセル（セル【F59】）をクリックします。
⑨▼をクリックし、一覧からなしを選択します。

テーブルスタイルのオプション

参考 1

☑ 見出し行　　☐ 最初の列
☑ 集計行　　　☐ 最後の列
☑ 縞模様 (行)　☐ 縞模様 (列)
テーブル スタイルのオプション

デザインタブのテーブルスタイルのオプショングループで、テーブルに表示する列や行、模様などを設定できます。

テーブルの利用

参考 2

　テーブルを利用すると、データを追加したときに、自動的にテーブルスタイルが適用されたり、テーブル用の数式が入力されたりします。

①レコードの追加　　テーブルの最終行にレコードを追加すると、自動的にデーブル範囲が拡大され、テーブルスタイルが適用されます。

②列見出しの追加　　テーブルの右に列見出しを追加すると、自動的にデーブル範囲が拡大され、テーブルスタイルが適用されます。

③数式の入力　　　　セルを参照して数式を入力すると、テーブル用の数式になり、フィールド全体に数式が入力されます。

1. 次の表をもとに、データベースを操作しましょう。

 フォルダー「第5章」のブック「データベースの利用練習問題」のシート「賃貸マンション」を開いておきましょう。

管理NO	沿線	最寄駅	徒歩(分)	賃料	管理費	毎月支払額	間取り	築年数
						横浜市沿線別住宅情報		
1	市営地下鉄	中川	5	¥78,000	¥3,000	¥81,000	1LDK	2005年4月
2	田園都市線	青葉台	13	¥175,000	¥0	¥175,000	4LDK	2012年6月
3	市営地下鉄	センター南	10	¥90,000	¥0	¥90,000	1LDK	2004年4月
4	市営地下鉄	新横浜	15	¥79,000	¥9,000	¥88,000	1DK	2002年8月
5	田園都市線	あざみ野	10	¥69,000	¥0	¥69,000	1DK	2005年5月
6	根岸線	関内	20	¥72,000	¥1,500	¥73,500	1DK	2009年3月
7	東横線	日吉	5	¥120,000	¥6,000	¥126,000	2LDK	2010年8月
8	東横線	菊名	2	¥130,000	¥6,000	¥136,000	3LDK	2009年5月
9	東横線	大倉山	8	¥65,000	¥8,000	¥73,000	2DK	2005年8月
10	根岸線	石川町	7	¥49,000	¥5,000	¥54,000	2DK	2007年7月
11	東横線	綱島	4	¥200,000	¥15,000	¥215,000	3DK	2012年9月
12	田園都市線	青葉台	4	¥150,000	¥9,000	¥159,000	3LDK	2000年6月
13	市営地下鉄	センター南	1	¥100,000	¥0	¥100,000	3LDK	2003年7月
14	市営地下鉄	新横浜	3	¥100,000	¥12,000	¥112,000	3LDK	2002年9月
15	田園都市線	あざみ野	18	¥130,000	¥9,000	¥139,000	4LDK	2005年12月
16	東横線	菊名	6	¥80,000	¥5,500	¥85,500	2LDK	2001年9月
17	市営地下鉄	中川	15	¥55,000	¥3,000	¥58,000	2DK	2004年2月
18	東横線	大倉山	9	¥180,000	¥8,000	¥188,000	3DK	2007年4月
19	根岸線	石川町	6	¥150,000	¥7,000	¥157,000	3DK	2008年6月
20	東横線	綱島	17	¥320,000	¥15,000	¥335,000	5LDK	2011年3月
21	東横線	日吉	14	¥100,000	¥6,000	¥106,000	4LDK	1998年5月
22	田園都市線	青葉台	8	¥58,000	¥2,000	¥60,000	1LDK	1999年8月
23	市営地下鉄	センター南	11	¥198,000	¥13,000	¥211,000	4LDK	2004年7月
24	市営地下鉄	センター南	5	¥175,000	¥15,000	¥190,000	4LDK	2001年9月
25	根岸線	関内	15	¥150,000	¥15,000	¥165,000	3LDK	2004年3月
26	東横線	綱島	6	¥180,000	¥0	¥180,000	4LDK	2007年1月
27	東横線	日吉	12	¥160,000	¥12,000	¥172,000	4LDK	2010年8月

問題:

1. 「築年数」を日付の新しい順に並べ替えましょう。

2. 「間取り」を昇順で並べ替え、さらに、「間取り」が同じ場合は、「毎月支払額」を降順で並べ替えましょう。

3. 「管理NO」順に並べ替えましょう。

4. 「賃料」が安いレコード5件を抽出しましょう。

※抽出できたら、フィルターの条件をクリアしておきましょう。

5. 「築年数」が2005年1月1日から2010年12月31日までのレコードを抽出しましょう。

※抽出できたら、フィルターの条件をクリアしておきましょう。

6. 「徒歩(分)」が10分以内で、「間取り」が3LDKまたは4LDKのレコードを抽出しましょう。

※抽出できたら、フィルターモードを解除しておきましょう。

※次の操作のために、ブックを保存せずに閉じておきましょう。

2. 次のようにデータベースを操作しましょう。

 フォルダー「第5章」のブック「データベースの活用練習問題」のシート「上期追い込み」を開いておきましょう。

◆完成図

NO	計上予定日	部署名	担当者名	顧客名	商談規模	確度
						確度A:確実
						確度B:ほぼ確実
						確度C:見込み薄
4	2010/09/03	第3営業部	榎木	澤田文具	1,200,000	B
12	2010/09/10	第3営業部	町田	濱元食品	900,000	B
18	2010/09/16	第3営業部	和泉	梅原化学	500,000	B
22	2010/09/22	第3営業部	町田	テラダ技術	350,000	B
27	2010/09/24	第3営業部	和泉	吉田米菓	750,000	B
35	2010/09/30	第3営業部	町田	窪田運送興産	1,100,000	B
集計					4,800,000	6

商談管理表

NO	計上予定日	部署名	担当者名	顧客名	商談規模	確度
						確度A:確実
						確度B:ほぼ確実
						確度C:見込み薄
1	2010/09/03	第2営業部	近藤	今井商店	300,000	A
2	2010/09/03	第2営業部	吉田	マスタ商社	2,500,000	A
6	2010/09/03	第1営業部	上野	阿部企画	3,500,000	A
7	2010/09/08	第2営業部	木村	エフ・オー・エム	2,000,000	A
8	2010/09/09	第2営業部	吉田	飯塚事務機	100,000	A
11	2010/09/10	第3営業部	和泉	藤ビル管理	2,500,000	A
14	2010/09/13	第1営業部	大原	赤木証券	3,000,000	A
15	2010/09/13	第3営業部	榎木	根本機械,	2,000,000	A
21	2010/09/22	第2営業部	近藤	矢野山商事	1,200,000	A
24	2010/09/22	第2営業部	吉田	増村屋	2,200,000	A
26	2010/09/24	第2営業部	近藤	松野システム	3,500,000	A
30	2010/09/24	第2営業部	榎木	藤事務機	600,000	A
36	2010/09/30	第1営業部	大原	縞村興産	700,000	A
38	2010/09/30	第2営業部	近藤	ヤマノビル管理	1,800,000	A
					25,900,000	A 集計
3	2010/09/03	第1営業部	山田	タカイ企画	250,000	B
4	2010/09/03	第3営業部	榎木	澤田文具	1,200,000	B
5	2010/09/03	第2営業部	近藤	エルショップ	4,000,000	B
9	2010/09/09	第1営業部	山田	富戸商事	500,000	B
10	2010/09/10	第1営業部	上野	ヤマ物産	450,000	B
12	2010/09/10	第3営業部	町田	濱元食品	900,000	B
16	2010/09/13	第2営業部	近藤	川上フーズ	500,000	B
18	2010/09/16	第3営業部	和泉	梅原化学	500,000	B
20	2010/09/16	第1営業部	山田	島システム	1,000,000	B
22	2010/09/22	第3営業部	町田	テラダ技術	350,000	B
23	2010/09/22	第2営業部	木村	たけ食品産業	500,000	B
25	2010/09/22	第1営業部	大原	小林屋	750,000	B
27	2010/09/24	第3営業部	和泉	吉田米菓	750,000	B
31	2010/09/28	第2営業部	大原	仲原フーズ	300,000	B
32	2010/09/28	第2営業部	木村	野々村化学	2,300,000	B
35	2010/09/30	第3営業部	町田	窪田運送興産	1,100,000	B
					15,350,000	B 集計
13	2010/09/13	第3営業部	和泉	丹木運輸	1,400,000	C
17	2010/09/13	第1営業部	山田	河内商会	350,000	C
19	2010/09/16	第3営業部	大原	楠出版	1,300,000	C
28	2010/09/24	第2営業部	近藤	斉木商会	300,000	C
29	2010/09/24	第1営業部	斉藤	佐東物産	4,500,000	C
33	2010/09/28	第3営業部	斉藤	ブックセンター山田	600,000	C
34	2010/09/28	第1営業部	山田	木村情報システム	2,200,000	C
37	2010/09/30	第2営業部	木村	斉田商会	1,800,000	C
					12,450,000	C 集計
					53,700,000	総計

1. 表をテーブルに変換しましょう。

　次に、テーブルスタイルを「テーブルスタイル (濃色)9」に変更しましょう。

2. テーブルの最終行に集計行を表示し、「商談規模」の合計と「確度」のデータ個数
をそれぞれ表示しましょう。

3. 「部署名」が「第 3 営業部」、かつ、「確度」が「B」のレコードを抽出しましょう。

4. フィルターの条件をすべてクリアしましょう。

5. テーブルの集計行を非表示にしましょう。

6. テーブルスタイルの設定は残したまま、テーブルをもとの表に変換しましょう。

7. 「確度」ごとに「商談規模」を合計する集計行を追加しましょう。

第6章
グラフの作成

Excel ではさまざまな種類のグラフを作成すること
ができますが、基本的な操作は共通しています。
この章では、まず円グラフと棒グラフを例に基本的
なグラフ作成の手順を紹介します。作成したグラフ
はレイアウトやデザインを整えて完成させます。そ
れから、複合グラフの作成方法を詳しく解説します。

毎章一語

明日は明日の風が吹く

意味：人生、あまりくよくよせずに、なるがままに任せて生
　　　きよということ。

注釈：明日は明日で今日の風とは異なった風が吹くのだ
　　　から、明日のことは明日の運に任せよの意から。
　　　「明日（あす）は明日の風が吹く」とも言う。

類句：明日のことは明日案じよ

英語：Let the morn come and them eat with
　　　it.

6.1 作成するグラフを確認する

次のようなグラフを作成しましょう。

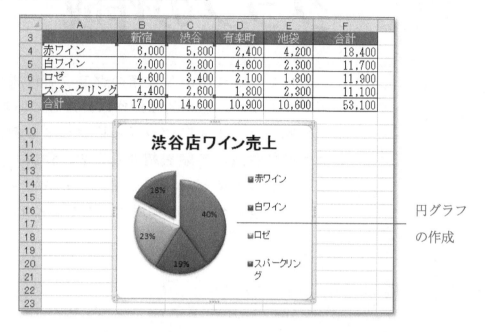

円グラフ
の作成

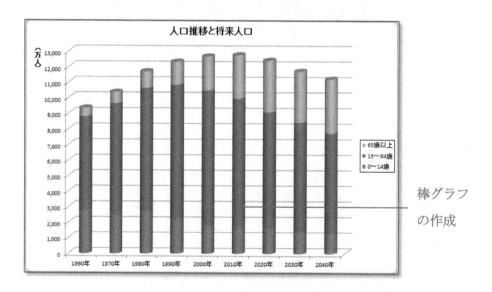

棒グラフ
の作成

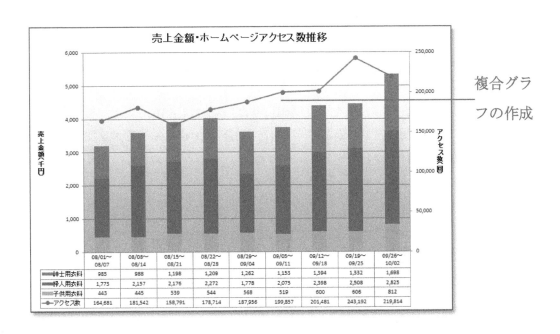

複合グラフの作成

商品分野別年間売上表													単位:千円	
商品分野	4月	5月	6月	7月	8月	9月	10月	11月	12月	1月	2月	3月	合計	傾向
家庭用冷蔵庫	9,057	7,645	10,900	7,989	9,960	8,694	7,450	6,951	12,450	10,401	6,800	11,780	110,077	
電磁調理器	7,890	4,530	7,800	8,612	3,961	4,015	4,680	5,891	11,040	9,480	8,948	8,990	80,837	
給湯機器	1,412	2,070	1,210	1,412	1,059	1,651	2,178	2,894	3,121	2,015	1,579	1,651	22,251	
暖房機器	891	401	242	315	491	789	3,894	4,584	6,841	7,089	3,569	1,981	31,087	
冷房機器	6,891	7,950	13,980	19,151	16,840	8,970	3,012	2,045	1,091	814	211	491	81,446	
家庭用洗濯機	7,980	5,120	4,600	5,400	6,300	7,041	6,891	4,215	8,912	9,045	6,214	7,008	78,726	
合計	34,121	27,716	38,732	37,879	38,611	31,160	28,105	26,580	43,455	38,844	27,320	31,901	404,424	

スパークラインの作成

◆グラフ機能

　表のデータをもとに、簡単にグラフを作成できます。グラフはデータを視覚的に表現できるため、データを比較したり傾向を分析したりするのに適しています。

◆グラフの種類

　Excel には、11 種類のグラフが用意されています。目的に合うものを選択します。数量を比較したい、あるいは大小をより明確にしたい場合は「棒グラフ」を選びます。データの推移を見せるなら、「折れ線グラフ」、割合を表すなら「円グラフ」や「100%積み上げ縦棒（横棒）グラフ」などが向いています。どのグラフでも、グラフに表したい項目名と数値のセル範囲を選択して作成します。

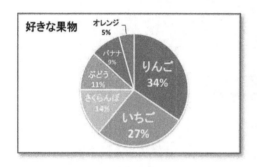
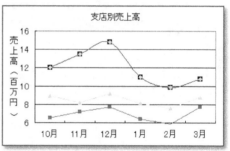

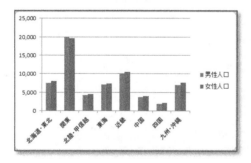
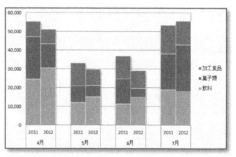

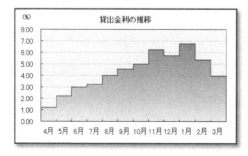
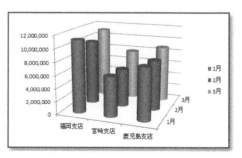

◆グラフの作成手順

　グラフのもとになるセル範囲とグラフの種類を選択するだけで、グラフは簡単に作成できます。

　グラフを作成する基本的な手順は、次の通りです。

---

①もとになるセル範囲を選択する

　グラフのもとになるデータが入力されているセル範囲を選択します。

	A	B	C	D	E	F
1	カテゴリ別売上推移					
2						
3						単位：千円
4	カテゴリ	2006年	2007年	2008年	2009年	2010年
5	AV機器	859,270	689,769	709,769	805,710	884,560
6	キッチン家電	235,059	370,032	279,133	321,601	306,038
7	リビング家電	140,677	107,440	122,093	133,075	124,364
8	季節・空調家電	293,954	222,044	330,361	203,568	253,790
9	健康家電	104,890	119,487	93,884	154,679	101,413

---

②グラフの種類を選択する

　グラフの種類・パターンを選択して、グラフを作成します。

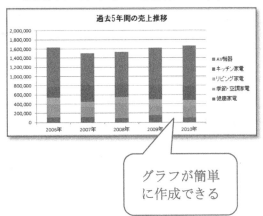

グラフが簡単に作成できる

6.3 円グラフを作成する

　円グラフは1つの系列の値を扱い、全体に占める各項目の割合が扇形の大きさで表されるため各項目がどの程度の割合なのかが視覚的に分かりやすいグラフを作成できます。

6.3.1 円グラフの作成

　円グラフの作成は、横（項目）軸、縦（値）軸のある棒グラフや折れ線グラフとは異なる部分があります。グラフ化できるのは、1列または1行の数値データです。項目は、数値に対応する1列、あるいは1行を指定します。

　グラフを作成する場合は、まず、グラフをもとになるセル範囲を選択します。

 フォルダー「第6章」のブック「グラフの作成」のシート「Sheet1」を開いておきましょう。

　表のデータをもとに、「渋谷店の売上構成比」を表す円グラフを作成しましょう。「渋谷」の数値をもとにグラフを作成します。

①セル範囲【A4:A7】を選択します。
② [Ctrl] を押しながら、セル範囲【C4:C7】を選択します。

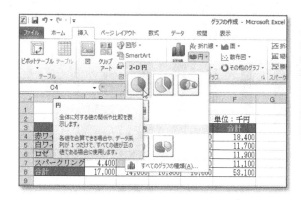

③挿入タブを選択します。
④グラフグループの 円▼ （円）をクリックします。
⑤2-D円の 円 をクリックします。

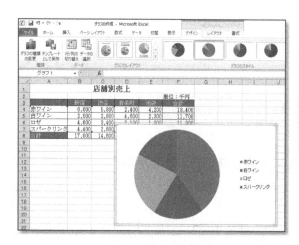

円グラフが作成されます。
※リボンにデザインタブ・レイアウトタブ・書式タブが追加され、自動的にデザインタブに切り替わります。

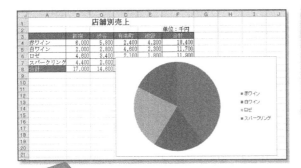

グラフが選択されている状態になっているので、選択を解除します。
⑥任意のセルをクリックします。
グラフの選択が解除されます。

Point 1
セル選択時とグラフ選択時のリボン

　セル選択時とグラフ選択時では、表示されるリボンが異なります。グラフが選択されているときは、通常のタブに加えて「デザイン」タブ・「レイアウト」タブ・「書式」タブが表示されます。

◆セル選択時

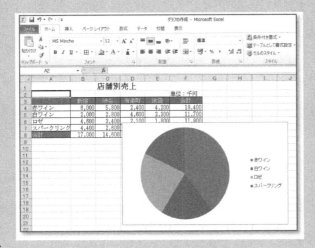

◆グラフ選択時

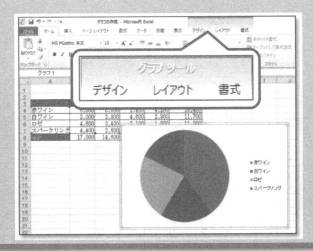

円グラフの構成要素

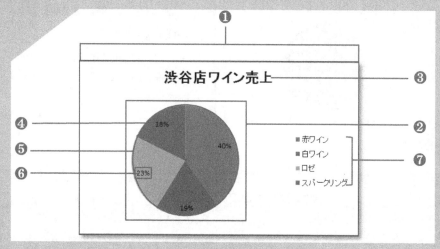

❶グラフエリア
グラフ全体の領域です。
すべての要素が含まれます。

❷プロットエリア
円グラフの領域です。

❸グラフタイトル
グラフのタイトルです。

❹データ系列
もとになる数値を視覚的に
表す、すべての扇型です。

❺データ要素
もとになる数値を視覚的に表す
個々の扇型です。

❻データラベル
データ要素を説明する文字列で
す。

❼凡例
データ要素に割り当てられた色
を識別するための情報です。

6.3.2 グラフの移動

表と重ならないように、グラフを移動しましょう。

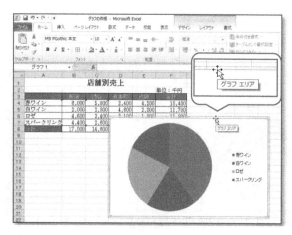

①グラフをクリックします。グラフ
が選択されます。

②グラフエリアをポイントします。
マウスポインターの形が🔲に変わり
ます。

③ポップヒントに グラフエリア と
表示されていることを確認します。

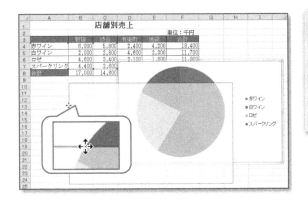

④図のようにドラッグします。（目安：セル【B10】）
ドラッグ中、マウスポインターの形が⊕に変わります。

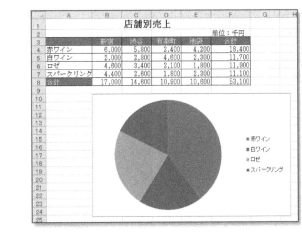

グラフが移動されます。

Point

グラフの配置

Alt を押しながら、グラフの移動やサイズ変更を行うと、セルの枠線に合わせて配置されます。

6.3.3 グラフのサイズ変更

グラフのサイズを縮小しましょう。

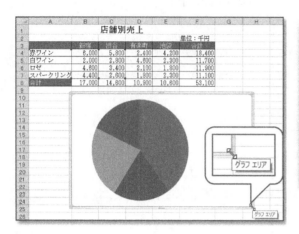

①グラフが選択されていることを確認します。
②グラフエリアの枠の右下をポイントします。
マウスポインターの形が $\begin{smallmatrix}\end{smallmatrix}$ に変わります。

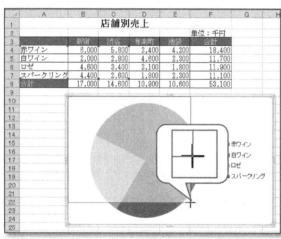

③図のようにドラッグします。（目安：セル【E22】）ドラッグ中、マウスポインターの形が ╈ に変わります。

グラフのサイズが縮小されます。

6.3.4 グラフのレイアウトの設定

Excel のグラフには、あらかじめいくつかの「レイアウト」が用意されております。それぞれ表示される要素やその配置が異なります。

グラウのレイアウトを「レイアウト6」に変更し、グラフタイトルとデータラベルを追加しましょう。

データラベルには、パーセントを表示します。

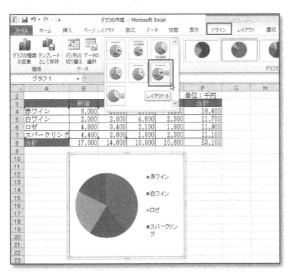

①グラフが選択されていることを確認します。
②デザインタブを選択します。
③グラフのレイアウトグループの □（その他）をクリックします。
④レイアウト6をクリックします。

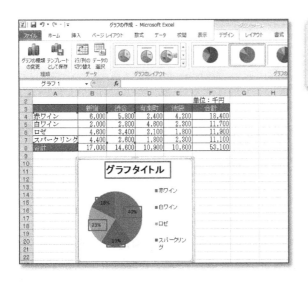

グラフタイトルとデータラベルが追加されます。

グラフタイトルに「渋谷店ワイン売上」と入力します。

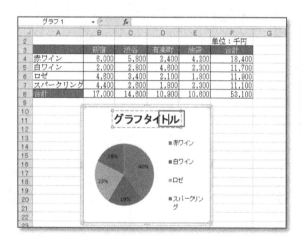

⑤グラフが選択されていることを確認します。
⑥グラフタイトルをクリックします。
※ポップヒントに「グラフタイトル」と表示されることを確認してからクリックしましょう。
グラフタイトルが選択されます。

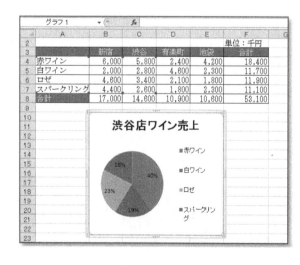

⑦グラフタイトルを再度クリックします。
グラフタイトルが編集状態になり、カーソルが表示されます。

⑧「グラフタイトル」を削除し、「渋谷店ワイン売上」と入力します。
⑨グラフタイトル以外の場所をクリックします。
グラフタイトルが確定されます。

6.3.5 グラフのスタイルの変更

　Excel のグラフには、データ要素の色や枠線などの組み合わせが「スタイル」として用意されています。一覧から選択するだけで、グラフ全体のデザインを変更できます。

　円グラフを立体的に影の付いた「スタイル 26」に変更しましょう。

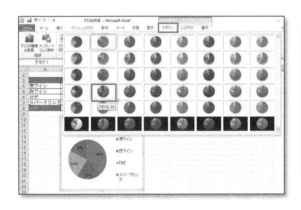

①グラフが選択されていることを確認します。

②デザインタブを選択します。

③グラフのスタイルグループの □ (その他)をクリックします。

④スタイル 26 をクリックします。

グラフのスタイルが変更されます。

6.3.6 切り離し円の作成

円グラフの一部を切り離して、グラフの中で特定のデータ要素を強調できます。
データ要素「スパークリング」を切り離して、強調しましょう。

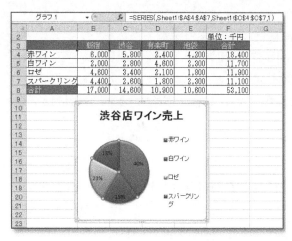

①グラフが選択されていることを確認します。
②円の部分をクリックします。
データ系列が選択されます。

③図の扇型の部分をクリックします。
※ポップヒントに系列1要素 "スパークリング" …と表示されていることを確認しましょう。
データ要素 スパークリング が選択されます。

④図のように円の外側にドラッグします。

データ要素 スパークリング が切り
離されます。

Point　　　　　　データ要素の選択

　円グラフの円の部分をクリックすると、データ系列が選択されます。続けて、円
の中の扇型をクリックすると、データ系列の中のデータ要素が一つだけ選択されま
す。

グラフの更新

参考 1

　グラフは、もとになるセル範囲と連動しています。もとになるデー
タを変更すると、グラフも自動的に変更されます。

グラフの印刷

参考 2

　グラフを選択した状態で印刷を実行すると、グラフだけが用紙いっ
ぱいに印刷されます。セルを選択した状態で印刷を実行すると、シー
ト上の表とグラフが印刷されます。

タブの種類

参考 3

　シート上に作成したグラフを削除するには、グラフを選択して
Delete を押します。

6.4 棒グラフを作成する

「棒グラフ」は、ある期間におけるデータの推移を大小関係で表現するときに使います。

6.4.1 棒グラフの作成

フォルダー「第6章」のブック「グラフの作成」のシート「Sheet2」を開いておきましょう。

表のデータをもとに、「年齢区分別の人口構成の推移」を表す棒グラフを作成しましょう。

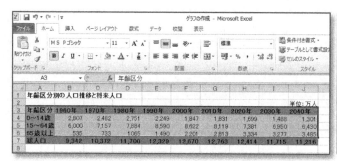

棒グラフのもとになるセル範囲を選択します。
①セル範囲【A3:J6】を選択します。

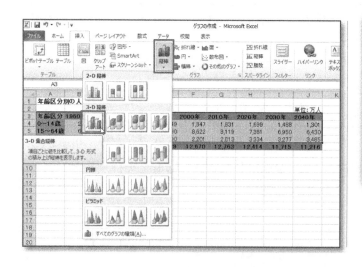

②挿入タブを選択します。

③グラフグループの　（縦棒）をクリックします。

④3-D 縦棒の3-D 集合縦棒をクリックします。

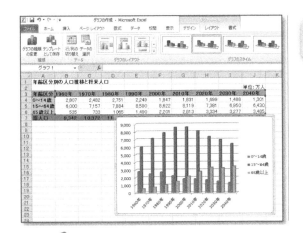

棒グラフが作成されます。

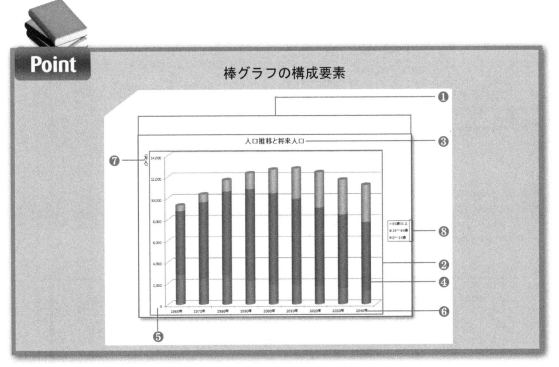

Point
棒グラフの構成要素

❶グラフエリア

　グラフ全体の領域です。すべての要素が含まれます。

❷プロットエリア

　棒グラフの領域です。

❸グラフタイトル

　グラフのタイトルです。

❹データ系列

　もとになる数値を視覚的に表す棒です。

❺値軸

　データ系列の数値を表す軸です。

❻項目軸

データ系列の項目を表す軸です。

❼軸ラベル

軸を説明する文字列です。

❽凡例

データ系列に割り当てられた色を識別するための情報です。

6.4.2 グラフの場所の変更

シート上に作成したグラフを、「グラフシート」に移動できます。グラフシートとは、グラフ専用のシートで、ブックウィンドウ全体にグラフを表示します。

シート上の棒グラフをグラフシートに移動しましょう。

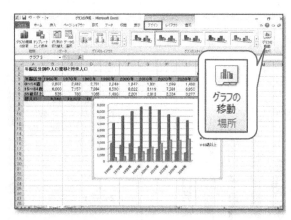

①棒グラフを選択します。

②デザインタブを選択します。

③場所グループの　（グラフの移動）をクリックします。

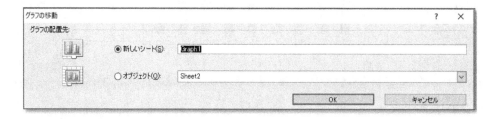

グラフの移動ダイアログボックスが表示されます。

④新しいシート (S) を ◉ にします。

⑤　OK　をクリックします。

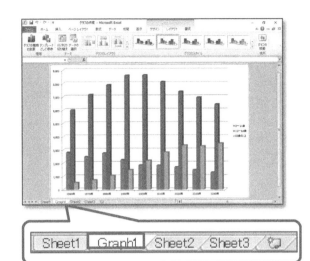

シート「Graph1」が挿入され、グラフの場所が移動されます。

その他の方法（グラフ場所の移動）

参考

◆グラフエリアを右クリック ➡ 「グラフの移動」

6.4.3 行 / 列の切り替え

もとになるセル範囲のうち、行の項目を基準にするか、列の項目を基準にするかを選択できます。

◆「年代」を基準にする

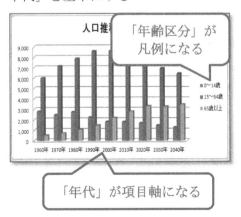

「年齢区分」が凡例になる

「年代」が項目軸になる

◆「年齢区分」を基準にする

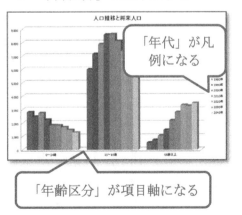

「年代」が凡例になる

「年齢区分」が項目軸になる

行の項目と列の項目を切り替えましょう。

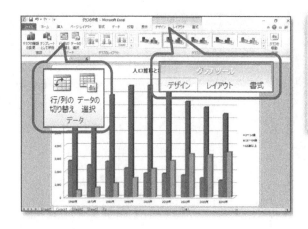

①グラフを選択します。
②デザインタブを選択します。
③データグループの 📊 （行／列の切り替え）をクリックします。

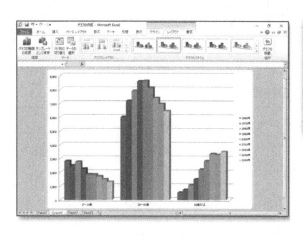

項目軸が「年代」から「年齢区分」に切り替えます。

※ 📊 （行／列の切り替え）を再度クリックし、元に戻しておきましょう。

6.4.4 グラフの種類の変更

　グラフを作成した後、グラフの種類を変更できます。グラフの種類を「円柱形の積み上げ縦棒」に変更しましょう。積み上げ棒グラフは、グラフの種類の一つです。棒グラフと同じように数値の比較に適していて、さらに内訳を表すことができます。内訳ごとの棒グラフを積み重ね、全体を表しています。

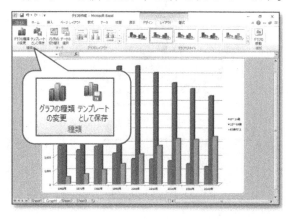

①グラフを選択します。
②デザインタブを選択します。
③種類グループの 📊 （グラフの種類の変更）をクリックします。

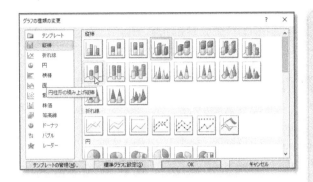

グラフの種類の変更ダイアログボックスが表示されます。

④左側の一覧から縦棒が選択されていることを確認します。

⑤右側の一覧から円柱形の積み上げ縦棒を選択します。

⑥ OK をクリックします。

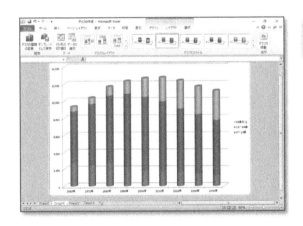

グラフの種類が変更されます。

その他の方法（グラフの種類の変更）

参考

◆グラフエリアを右クリック➡「グラフの種類の変更」

6.4.5 グラフの要素の表示・非表示

「デザイン」タブの「グラフのレイアウト」グループに希望するレイアウトがない場合や、必要なグラフ要素が表示されていない場合は、個別に配置します。

◆グラフタイトルの表示

グラフの上に、グラフタイトルを表示しましょう。

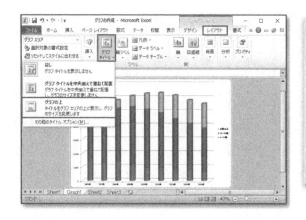

①グラフが選択されていることを確認します。

②レイアウトタブを選択します。

③ラベルグループの （グラフタイトル）をクリックします。

④グラフの上をクリックします。

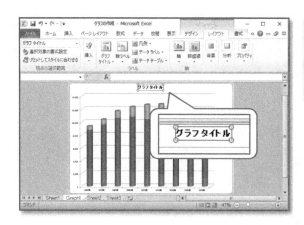

グラフタイトルが表示されます。

⑤グラフタイトルが選択されていることを確認します。

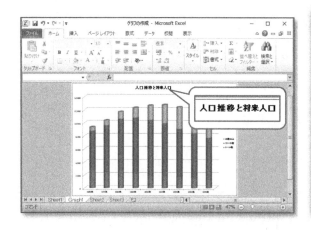

⑥グラフタイトルをクリックします。

カーソルが表示されます。

⑦ グラフタイトル を削除し、「人口推移と将来人口」と入力します。

⑧グラフタイトル以外の場所をクリックします。

グラフタイトルが確定されます。

◆軸ラベルの表示
値軸の軸ラベルを表示しましょう。

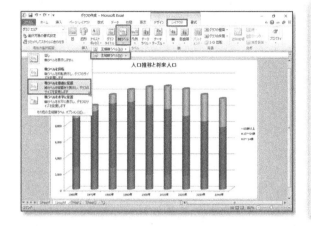

①グラフが選択されていることを確認します。
②レイアウトタブを選択します。
③ラベルグループの （軸ラベル）をクリックします。
④主縦軸ラベルをポイントします。
⑤軸ラベルを垂直に配置をクリックします。

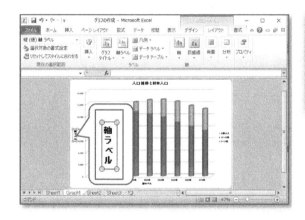

軸ラベルが表示されます。
⑥軸ラベルが選択されていることを確認します。

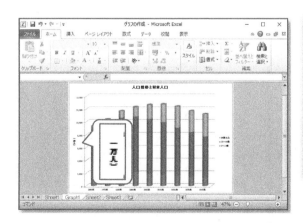

⑦軸ラベルをクリックします。カーソルが表示されます。
⑧軸ラベルを削除し、「（万人）」と入力します。
⑨軸ラベル以外の場所をクリックします。軸ラベルが確定されます。

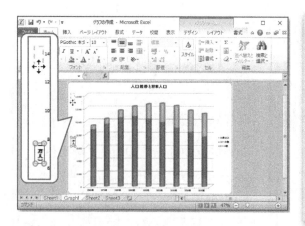

軸ラベルを移動します。

⑩軸ラベルをクリックします、軸ラベルが選択されます。

⑪軸ラベルの枠線をポイントします。マウスポインターの形が 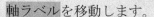 に変わります。

⑫図のように、軸ラベルの枠線をドラッグします。ドラッグ中、マウスポインターの形が 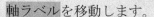 に変わります。

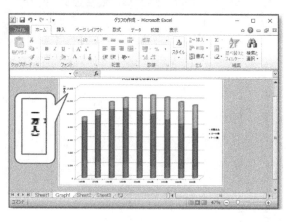

軸ラベルが移動されます。

6.4.6 グラフ要素の書式設定

グラフの各要素に対して、個々に書式を設定できます。

◆グラフエリアの書式設定

グラフエリアのフォントサイズを 12 ポイントに変更しましょう。

グラフエリアのフォントサイズを変更すると、グラフエリア内の凡例や軸ラベルなどのフォントサイズも変更されます。

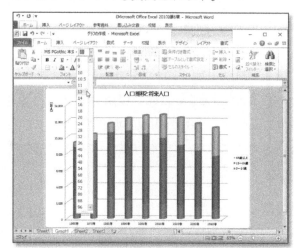

①グラフエリアをクリックします。

②ホームタブを選択します。

③フォントグループの 10 （フォントサイズ）の ▾ をクリックし、一覧から 12 を選択します。

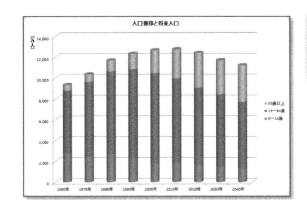

グラフエリアのフォントサイズが変更されます。

同様にして、グラフタイトルのフォントサイズを 18 ポイントに変更しましょう。

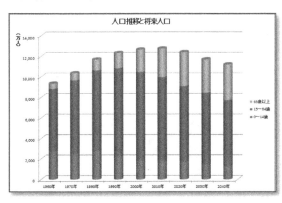

グラフタイトルのフォントサイズが変更されます。

◆凡例の書式設定

凡例の周囲に黒い枠線を付けましょう。

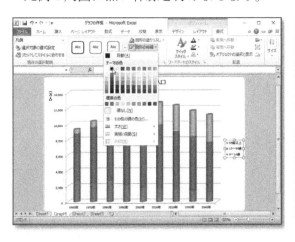

①凡例をクリックします。凡例が選択されます。
②書式タブを選択します。
③図形のスタイルグループの図形の枠線（図形の枠線）をクリックします。
④テーマの色の黒、テキスト1をクリックします。

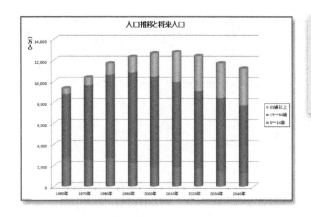

凡例に枠線が付きます。

※凡例以外の場所にクリックし、選択を解除して、枠線を確認しておきましょう。

◆値軸の書式設定

　数値軸の最小値・最大値・目盛間隔は、データ系列の数値やグラフのサイズに応じてExcel が自動的に調整しますが、データ系列の数値やグラフのサイズに関わらず固定した値に変更できます。

　値軸の目盛間隔を 1,000 単位に変更しましょう。

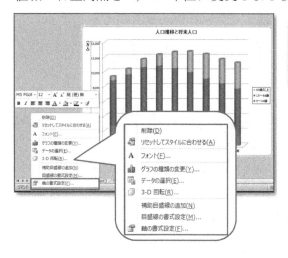

①値軸を右クリックします。

②軸の書式設定(F)をクリックします。

軸の書式設定ダイアログボックスが表示されます。

③左側の一覧から軸のオプションを選択します。

④目盛間隔の固定（×）を◉にし、「1000」と入力します。

⑤ [　閉じる　] をクリックします。

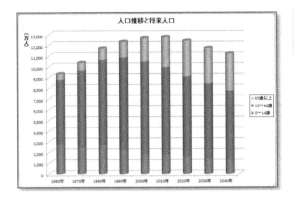

目盛間隔が 1,000 単位になります。

その他の方法（グラフ要素の書式設定）

参考

◆グラフ要素を選択➡「レイアウト」タブ➡「現在の選択範囲」グループの ［選択対象の書式設定］（選択対象の書式設定）

◆グラフ要素を選択➡「書式」タブ➡「現在の選択範囲」グループの ［選択対象の書式設定］（選択対象の書式設定）

6.5 複合グラフを作成する

複数のデータ系列のうち、特定のデータ系列だけグラフの種類を変更できます。

例えば、棒グラフの複数のデータ系列のうち、1 つだけを折れ線グラフにして、棒グラフと折れ線グラフを同一のグラフエリア内に混在させることができます。

同一のグラフエリア内に、異なる種類のグラフを表示したものを「複合グラフ」といいます。複合グラフは、大きな開きがあるデータや単位が異なるデータを表現するときに使います。

複合グラフを作成する手順は、次の通りです。

1. 基本グラフを作成する

両方のデータをもとに、基本となるグラフを作成します。

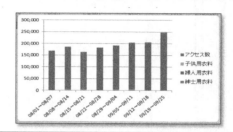

2. 一方のデータ系列のグラフの種類を変更する

一方のデータ系列を選択して、グラフの種類を変更します。
同一グラフエリア内に、異なる種類のグラフが表示されます。

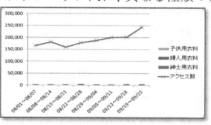

3. 第 2 軸を追加する

第 2 軸を追加して、グラフ全体のバランスを整えます。

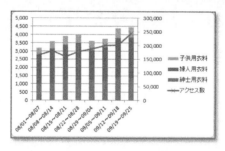

複合グラフ作成の制限

参考

　2-D (平面) の縦棒グラフ・折れ線グラフ・散布図、面グラフなどは、それぞれ組み合わせて複合グラフを作成できますが、3-D (立体) のグラフが複合グラフを作成できません。

　また、2-D (平面) でも円グラフは、グラフの特性上、複合グラフになりません。

6.5.1 複合グラフの作成

積み上げ縦棒グラフと折れ線グラフを一つにまとめた複合グラフを作成しましょう。

 フォルダー「第6章」のブック「グラフの作成」のシート「Sheet3」を
開いておきましょう。

◆基本グラフの作成

セル範囲【A4:D12】とセル範囲【F4:F12】のデータをもとに、複合グラフを作成しましょう。

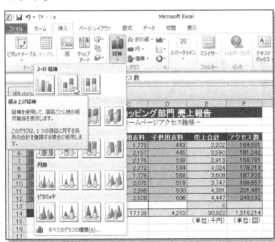

①セル範囲【A4:D12】を選択します。

② Ctrl を押しながら、セル範囲【F4:F12】を選択します。

③挿入タブを選択します。

④グラフグループの (縦棒)をクリックします。

⑤2-D 縦棒の積み上げ縦棒をクリックします。

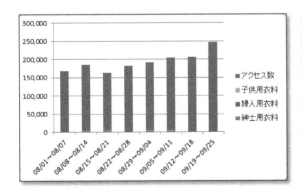

縦棒グラフが作成されます。

※グラフのもとになる数値に開きがあるので、この段階では「子供用衣料」や「婦人用衣料」「紳士用衣料」のデータ系列がほとんど表示されません。

◆グラフの種類の変更

「アクセス数」のデータ系列を折れ線グラフに変更しましょう。

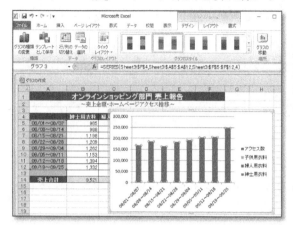

グラフの種類を変更するデータ系列を選択します。

①「アクセス数」のデータ系列をクリックします。

②デザインタブを選択します。

③種類グループの （グラフの種類の変更）をクリックします。

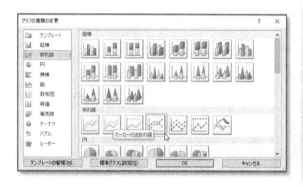

グラフの種類の変更ダイアログボックスが表示されます。

④左側の一覧から折れ線を選択します。

⑤右側の一覧からマーカー付き折れ線を選択します。

⑥ OK をクリックします。

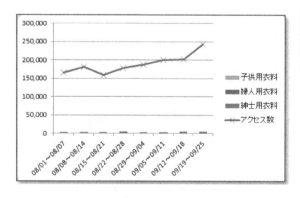

「アクセス数」のデータ系列が折れ線グラフになります。

その他の方法（グラフの種類の変更）

参考 1 ◆データ系列を右クリック➡「系列グラフの種類を変更」

グラフ要素の選択

　グラフ要素が小さくて選択しにくい場合は、リボンを使って選択します。リボンを使ってグラフ要素を選択する方法は、次の通りです。

◆グラフを選択→「レイアウト」タブ→「現在の選択範囲」グループの `グラフ エリア ▼` （グラフの要素）の ▼ →一覧から選択

◆第2軸の追加

　縦棒グラフと折れ線グラフの組み合わせでは、左側に表示される値軸が「主軸」、右側に表示される値軸が「第2軸」になります。

　現在はすべてのデータ系列が主軸を使用する設定になっているので、数値が大きい「アクセス数」のデータ系列は適切に表示されますが、数値が小さい「子供用衣料」や「婦人用衣料」「紳士用衣料」のデータ系列はほとんど表示されません。

　第2軸を追加して、「アクセス数」のデータ系列が第2軸を使用するように設定しましょう。

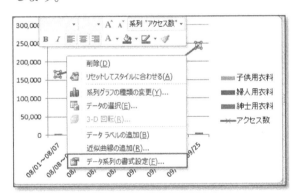

①「アクセス数」のデータ系列を右クリックします。
②データ系列の書式設定（F）をクリックします。

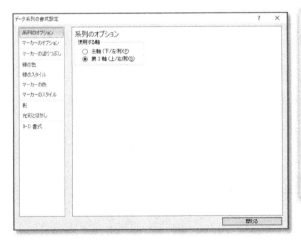

データ系列の書式設定のダイアログボックスが表示されます。
③左側の一覧から系列のオプションを選択します。
④使用する軸の[第2軸（上/右側）(S)]を⦿にします。
⑤[　　閉じる　　]をクリックします。

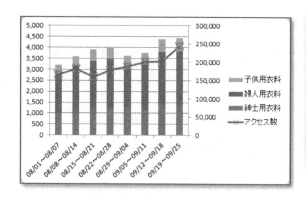

第2軸が追加されます。

※第2軸は「アクセス数」のデータ系列に最適な目盛主軸は「子供用衣料」と「婦人用衣料」「紳士用衣料」のデータ系列に最適な目盛にそれぞれ自動的に調整されます。

6.5.2 もとになるセル範囲の変更

グラフを作成した後から、グラフのもとになるセル範囲を変更できます。

シート「sheet3」に「09/26 ～ 10/02」のデータを追加し、グラフに反映させましょう。

次のデータを入力します。

セル【A13】:09/26 ～ 10/02　　セル【B13】:1698　　セル【C13】:2825

セル【D13】:812　　　　　　　セル【F13】:219814

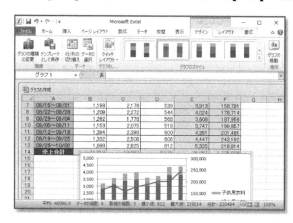

①グラフを選択します。

②デザインタブを選択します。

③データグループの（データの選択）をクリックします。

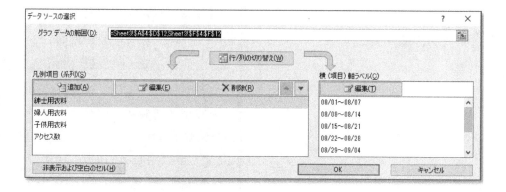

データソースの選択ダイアログボックスが表示されます。

④グラフデータの範囲 (D) の =Sheet3!$A$4:$D$12, Sheet3!$F$4:$F$12 が反転表示されていることを確認します。

⑤グラフデータの範囲 (D) の 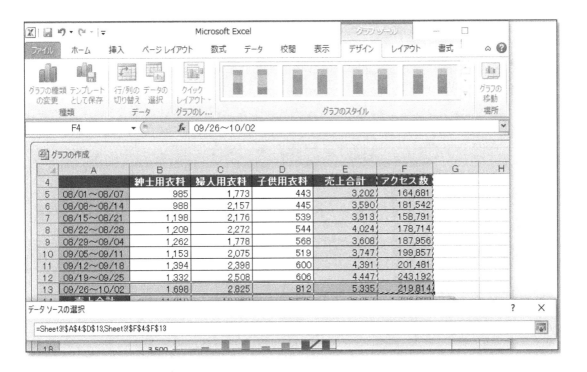 をクリックします。

データソースの選択ダイアログボックスのサイズが縮小されます。

⑥セル範囲【A4:D13】を選択します。

⑦「,」を入力します。

⑧セル範囲【F4:F13】を選択します。

⑨ をクリックします。

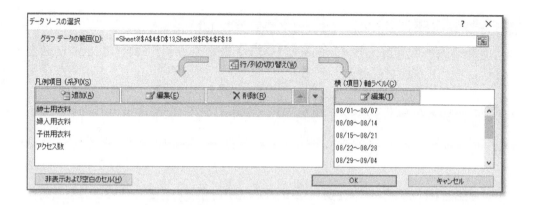

グラフデータの範囲 (D) が =Sheet3!$A$4:$D$13, Sheet3!$F$4:$F$13 になります。
⑩ OK をクリックします。

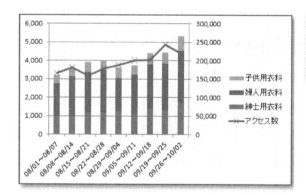

追加した「09/26 ～ 10/02」のデータ
がグラフに反映されます。

Point
枠線の利用

　グラフのデータ系列を選択すると、グラフのもとになっているセル範囲が色枠で
囲まれて表示されます。色枠をドラッグして、もとになるセル範囲を変更できます。

　色枠の線をマウスポインターの形が ⊕ の状態でドラッグすると、もとになるセ
ル範囲を移動できます。

　色枠の角をマウスポインターの形が ↗ や ↘ の状態でドラッグすると、もとに
なるセル範囲を変更できます。

6.5.3 データ系列の順番の変更

　グラフに表示されるデータ系列の順番は、変更できます。グラフのデータ系列の順番を変更しても、もとの表の項目の順番は変更されません。

　「紳士用衣料」「婦人用衣料」「子供用衣料」の順番に表示されるように、積み上げ縦棒グラフのデータ系列の順番を変更しましょう。

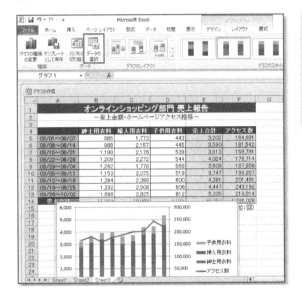

①グラフを選択します。
②デザインタブを選択します。
③データグループの（データの選択）をクリックします。

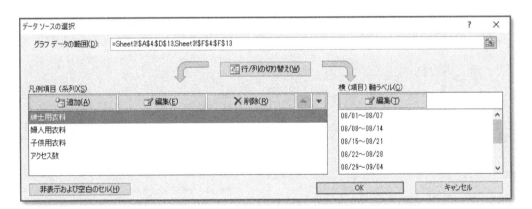

　データソースの選択ダイアログボックスが表示されます。
④凡例項目（系列）(S) の一覧から 紳士用衣料 を選択します。
⑤ ▼ （下へ移動）を 2 回クリックします。

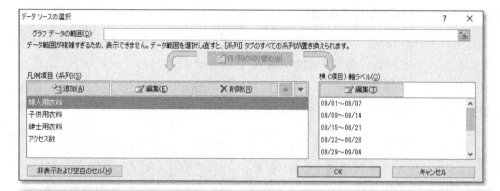

「紳士用衣料」が下がります。

⑥凡例項目（系列）(S)の一覧から「婦人用衣料」を選択します。

⑦ ▼ （下へ移動）を 1 回クリックします。

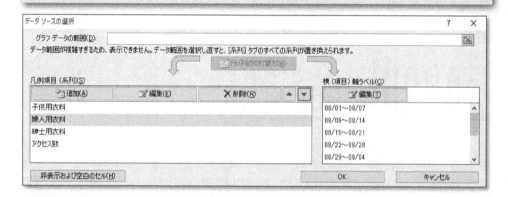

「婦人用衣料」が下がります。

⑧ OK をクリックします。

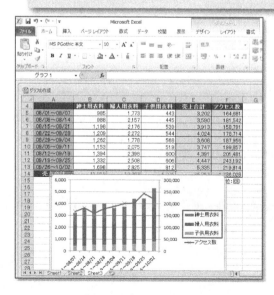

グラフのデータ系列の順番が変更されます。

次に、6.4.2 を参考に、シート上のグラフをグラフシートに移動しておきます。

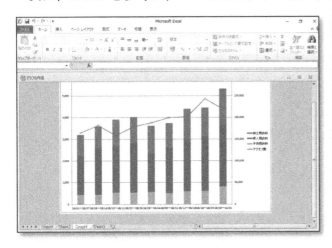

①グラフを選択します。
②デザインタブを選択します。
③場所グループの （グラフの移動）をクリックします。
④新しいシートを⦿にします。
⑤ OK をクリックします。

6.5.4 グラフ要素の表示・非表示

必要なグラフ要素を表示しましょう。

グラフエリアにグラフのもとになっている表を表示できます。この表を「データテーブル」といいます。データテーブルを表示しましょう。

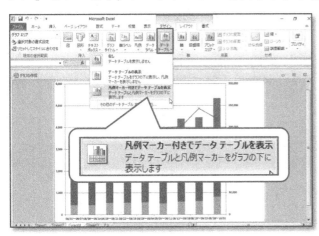

①グラフを選択します。
②レイアウトタブを選択します。
③ラベルグループの <image src="データテーブル" />（データテーブル）をクリックします。
④凡例マーカー付きでデータテーブルを表示をクリックします。

データテーブルが表示されます。

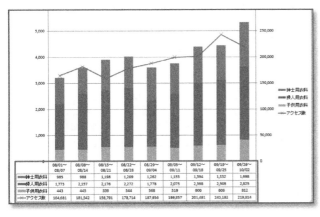

	08/01～08/07	08/08～08/14	08/15～08/21	08/22～08/28	08/29～09/04	09/05～09/11	09/12～09/18	09/19～09/25	09/26～10/02
紳士用衣料	985	988	1,198	1,209	1,282	1,153	1,394	1,532	1,698
婦人用衣料	1,773	2,197	2,176	2,272	1,778	2,075	2,398	2,508	2,825
子供用衣料	443	445	539	544	568	519	600	606	812
アクセス数	164,681	181,542	158,791	178,714	187,956	199,857	201,481	243,182	218,814

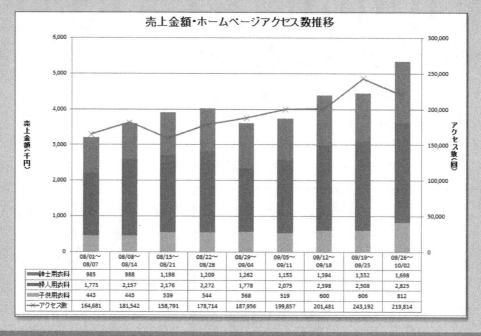

タスク

次の操作のために、6.4.5 を参考に、以下のように設定しましょう。

1. 凡例を非表示にしましょう。

2. グラフタイトルをグラフの上に表示し、「売上金額・ホームページアクセル数推移」と入力しましょう。

3. 主軸に軸ラベルを垂直に配置し、「売上金額（千円）」と入力しましょう。

4. 第 2 軸に軸ラベルを垂直に配置し、「アクセス数（回）」と入力しましょう。

6.5.5 グラフ要素の書式設定

グラフの各要素の書式を設定しましょう。

◆線とマーカーの設定

線の幅	： 3pt
マーカーの種類	： ●
マーカーのサイズ	： 7

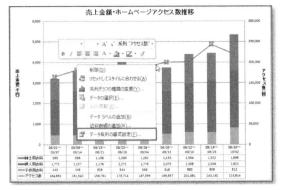

①「アクセス数」のデータ系列を右クリックします。

②データ系列の書式設定（F）をクリックします。

データ系列の書式設定ダイアログボックスが表示されます。

③左側の一覧から線のスタイルを選択します。

④幅（W）を3ptに設定します。

⑤左側の一覧からマーカーのオプションを選択します。

⑥マーカーの種類の組み込みを⦿にします。

⑦種類の⌄をクリックし、一覧から「●」を選択します。

⑧サイズを7に設定します。

⑨ 閉じる をクリックします。

線とマーカーが設定されます。

◆グラデーシャンの設定

グラフ要素は単色で塗りつぶすだけでなく、複数の色を組み合わせたグラデーションで塗りつぶすこともできます。

Excel で扱うグラテーションは、「分岐点」と呼ばれる地点で色を管理しています。分岐点を追加したり削除したりして、微妙な色の変化を出すことができます。

※グラフ要素によっては、その特性上、グラデーションを設定できないものもあります。

●2色のグラデーションの例

●多色のグラデーションの例

プロットエリアに、白色から灰色に徐々に変化するグラデーションの効果を設定しましょう。

0% 地点の分岐点	：白色
100% 地点の分岐点	：灰色

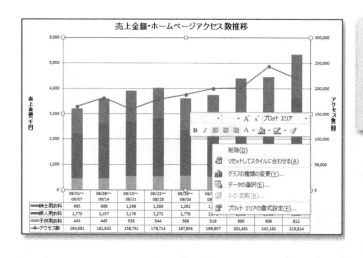

①プロットエリアを右クリックします。
②プロットエリアの書式設定（F）をクリックします。

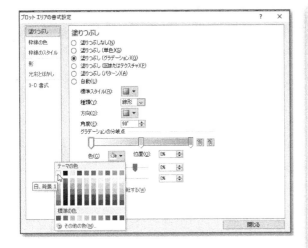

プロットエリアの書式設定ダイアログボックスが表示されます。

③左側の一覧から塗りつぶしを選択します。

④塗りつぶし（グラデーション）(G)を◉にします。

⑤種類(Y)の∨をクリックし、一覧から線形を選択します。

⑥方向(D)の■▼をクリックし、下方向をクリックします。

0% の分岐点の色を設定します。

⑦グラデーションの分岐点の左の🔲をクリックします。

⑧位置(O)が0%になっていることを確認します。

⑨色(C)の🎨▼をクリックします。

⑩テーマの色の白、背景1をクリックします。

100% の分岐点の色を設定します。

⑪グラデーションの分岐点の右の🔲をクリックします。

⑫位置(O)が「100%」になっていることを確認します。

⑬色(C)の🎨▼をクリックします。

⑭テーマの色の白、背景1、黒＋基本色25%をクリックします。

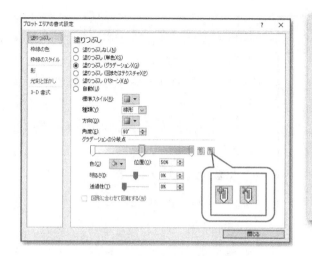

不要な分岐点を削除します。

⑮グラデーションの分岐点の中央の
をクリックします。

⑯位置（O）が 50% になっていること
を確認します。

⑰ グラデーションの分岐点を削除
しますをクリックします。

⑱ 閉じる をクリックします。

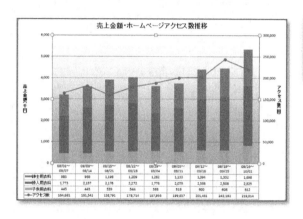

プロットエリアにグラデーションが
設定されます。

◆値軸の書式設定

6.4.6 を参考に、第2軸の最大値を「25,000」に変更しましょう。

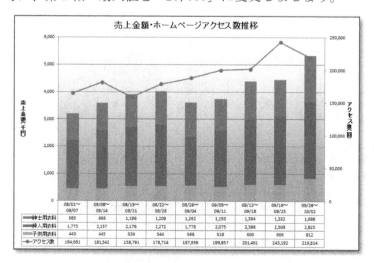

6.6 スパークラインを作成する

Excel 2010 には、セル内に折れ線グラフや棒グラフを表示する「スパークライン」機能があります。指定したデータを単純な線や棒で示すミニグラフです。

「スパークライン」を使うと、複数のセルに入力された数値をもとに、別のセルに小さなグラフを作成できます。

スパークラインは、次の 3 種類のグラフがあります。

◆折れ線

時間の経過によるデータの推移を表現します。

	A	B	C	D	E	F	G	H	I	J	K	L	M	N
1	B市の年間気温													単位:℃
2	月	1月	2月	3月	4月	5月	6月	7月	8月	9月	10月	11月	12月	年間推移
3	最高気温	6	4	9	16	23	28	35	37	30	24	12	8	
4	最低気温	-5	-10	4	11	17	19	21	24	17	15	17	1	
5														

◆縦棒

データの大小関係を表現します。

	A	B	C	D	E	F	G	H	I
1	新聞折り込みチラシによるWebアクセス効果							単位:回	
2	日付	6/5(日)	6/6(月)	6/7(火)	6/8(水)	6/9(木)	6/10(金)	6/11(土)	傾向
3	商品案内	1,456	1,534	1,234	1,242	1,178	1,351	1,204	
4	店舗案内	677	765	378	432	254	351	266	
5	イベント案内	241	198	145	324	133	288	352	

◆勝敗

数値の正負をもとに、データの勝敗を表現します。

	A	B	C	D	E	F	G	H
1	人口増減数(転入ー転出)比較							単位:人
2	市名	2005年	2006年	2007年	2008年	2009年	2010年	増減
3	A市	364	-89	289	430	367	-57	
4	B市	335	686	-50	-26	580	452	
5	C市	431	312	-36	134	-27	246	
6								

6.6.1 スパークラインの作成

フォルダー「第 6 章」のブック「グラフの作成」のシート「Sheet4」を開いておきましょう。

各商品分野の売上推移を表すスパークラインを作成しましょう。

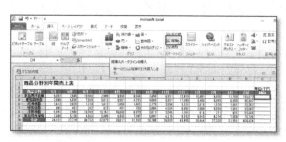

①セル【O4】をクリックします。

②挿入タブを選択します。

③スパークライングループの（縦棒スパークラインの挿入）をクリックします。

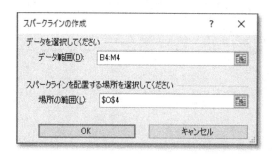

スパークラインの作成ダイアログボックスが表示されます。

④データ範囲（D）にカーソルが表示されていることを確認します。

⑤セル範囲【B4:M4】を選択します。

⑥場所の範囲（L）が$O$4になっていることを確認します。

⑦ OK をクリックします。

スパークラインが作成されます。

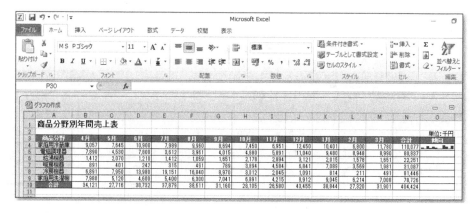

スパークラインの種類の変更

参考 1

　スパークラインを作成した後から、スパークラインの種類を変更できます。

◆スパークラインのセルを選択➡「デザイン」タブ➡「種類」グループの ![折れ線]（折れ線スパークラインに変換）/ ![縦棒]（縦棒スパークラインに変換）/ ![勝敗]（勝敗スパークラインに変換）

スパークラインの削除

参考 2

スパークラインを削除する方法は、次の通りです。

◆スパークラインのセルを選択➡「デザイン」タブ➡「グループ」グループの ![クリア]（選択したスパークラインのクリア）

6.6.2 スパークラインのコピー

　スパークラインはセル内に入力された文字列や数式と同じように、オートフィルで他のセルにコピーできます。

　セル【O4】のスパークラインを、セル【O5:O10】にコピーしましょう。

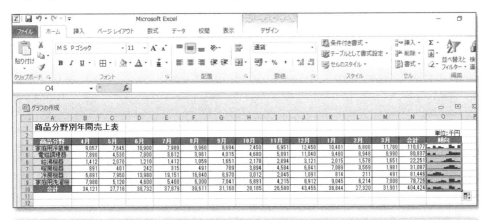

　セル【O4】をクリックし、セル右下の■（フィルハンドル）をセル【O10】まででドラッグします。

6.6.3 スパークラインの最小値の設定

スパークラインを使うと、初期の設定でデータ範囲の中の最大値をセルの上端、最小値をセルの下端としてグラフ化されます。スパークラインごとに最大値や最小値が自動的に設定されるので、関連する複数のスパークラインを作成するときは、最大値や最小値を固定した値に設定するとよいでしょう。

セル範囲【O4:O10】のスパークラインの最小値を「0」に設定しましょう。

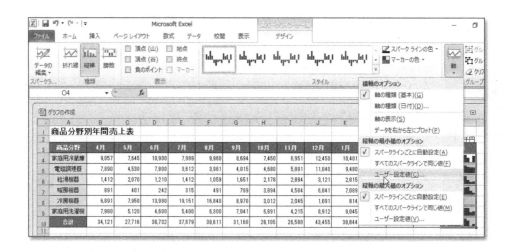

①セル範囲【O4:O10】を選択します。
②デザインタブを選択します。
③デザイングループの 　　 （スパークラインの軸）をクリックします。
④縦軸の最小値のオプションのユーザー設定値 (C) をクリックします

スパークラインの縦軸の設定ダイアログボックスが表示されます。
⑤縦軸の最小値を入力してください に0.0と表示されていることを確認します。
⑥ OK をクリックします。

スパークラインの縦軸の設定

縦軸の最小値を入力してください　0.0

OK　　　キャンセル

すべてのスパークラインの最小値が設定されます。

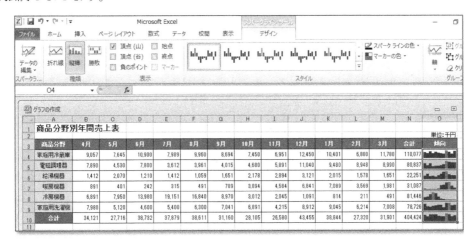

| 商品分野別年間売上表 | | | | | | | | | | | | | 単位:千円 |
商品分野	4月	5月	6月	7月	8月	9月	10月	11月	12月	1月	2月	3月	合計	傾向
家庭用冷蔵庫	9,057	7,645	10,900	7,989	9,960	8,694	7,450	6,951	12,450	10,401	6,800	11,780	110,077	
電磁調理器	7,890	4,530	7,800	3,612	3,961	4,015	4,680	5,891	11,040	9,480	8,948	8,990	80,837	
給湯機器	1,412	2,070	1,210	1,412	1,059	1,651	2,178	2,894	3,121	2,015	1,578	1,651	22,251	
暖房機器	891	401	242	315	491	789	3,894	4,584	6,841	7,089	3,569	1,981	31,087	
冷房機器	6,891	7,950	13,980	19,151	16,840	8,970	3,012	2,045	1,091	814	211	491	81,446	
家庭用洗濯機	7,980	5,120	4,600	5,400	6,300	7,041	6,891	4,215	8,912	9,045	5,214	7,008	78,726	
合計	34,121	27,716	38,732	37,879	38,611	31,160	28,105	26,580	43,455	38,844	27,320	31,901	404,424	

6.6.4 データマーカーの強調

「データマーカー」とは、スパークラインを構成するデータ系列のことです。スパークラインは、初期の設定ですべてのデータマーカーが同じ色で表示されていますが、最大値や最小値など特定のデータマーカーだけを目立たせることができます。最大値と最小値を強調しましょう。

①セル範囲【O4:O10】を選択します。
②デザインタブを選択します。
③表示グループの 頂点（山） を☑にします。
最大値のデータマーカーの色が変わります。

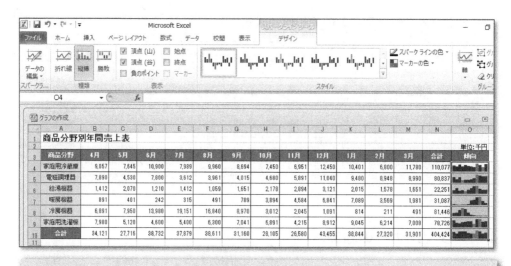

④ 表示グループの 頂点（谷） を ☑ にします。

最小値のデータマーカーの色が変わります。

6.6.5 スパークラインのスタイルの設定

スパークラインには、スパークライン本体の色や、最大値や最小値などのデータマーカーの色などの組み合わせが「スタイル」として用意されています。一覧から選択するだけで、スパークライン全体のデザインを変更できます。

スパークラインをカラフルなスタイルに変更しましょう。

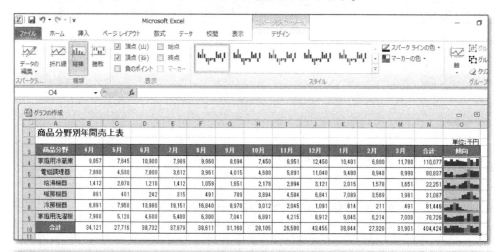

① セル範囲【O4:O10】を選択します。

② デザインタブを選択します。

③ スタイルグループの ⬇ （その他）をクリックします。

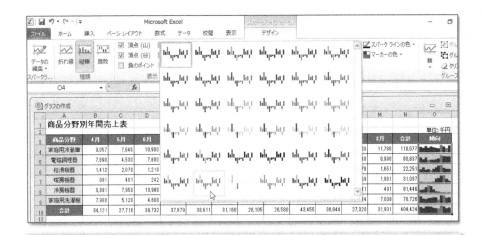

④スパークラインスタイルカラフル#2 をクリックします。

スパークラインにスタイルが設定されます。

商品分野	4月	5月	6月	7月	8月	9月	10月	11月	12月	1月	2月	3月	合計	傾向
家庭用冷蔵庫	9,057	7,645	10,900	7,989	9,960	8,694	7,450	6,951	12,450	10,401	6,800	11,780	110,077	
電磁調理器	7,890	4,530	7,800	3,612	3,961	4,015	4,580	5,891	11,040	9,480	8,948	8,990	80,837	
給湯機器	1,412	2,070	1,210	1,412	1,059	1,651	2,178	2,894	3,121	2,015	1,578	1,651	22,251	
暖房機器	891	401	242	315	491	789	3,894	4,584	5,841	7,089	3,569	1,981	31,087	
冷房機器	6,891	7,950	13,980	19,151	16,840	8,970	3,012	2,045	1,091	814	211	491	81,446	
家庭用洗濯機	7,980	5,120	4,600	5,400	6,900	7,041	6,891	4,215	8,912	9,045	6,214	7,008	78,726	
合計	34,121	27,716	38,732	37,879	38,611	31,160	28,105	26,580	43,455	38,844	27,320	31,901	404,424	

スパークラインやデータマーカーの色の変更

参考

　　スパークラインの要素ごとに色を設定して、ユーザーが個々に編集することもできます。

◆スパークラインのセルを選択➡「デザイン」タブ➡「スタイル」グループの [スパークラインの色▼]（スパークラインの色）/[マーカーの色▼]（マーカーの色）

完成図のような表とグラフを作成しましょう。

 フォルダー「第6章」のブック「第6章　練習問題」のシート「Sheet4」を開いておきましょう。

◆完成図

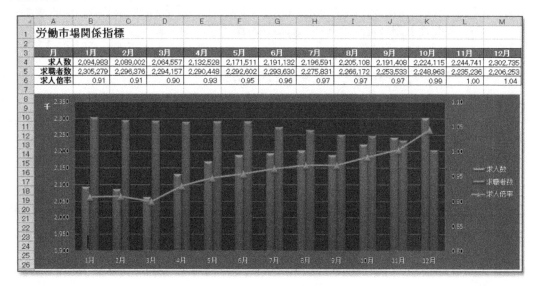

1. 表のデータをもとに集合縦棒グラフを作成し、「求人倍率」のデータ系列をマーカー付き折れ線グラフに変更しましょう。

　次に、「求人倍率」のデータ系列が第2軸を使用するように設定しましょう。

2. 1で作成したグラフをセル範囲【A8:M26】に配置しましょう。

3. グラフのスタイルを「スタイル 42」に変更しましょう。

4. 主軸の表示単位を「千」に設定し、表示単位のラベルをグラフに表示しましょう。

5. 4で表示した表示単位ラベルの文字列の方向を縦書きに設定しましょう。

6. 「求人倍率」のデータ系列の線の幅を「3pt」に設定しましょう。

第7章
Excel 2010 を
使いやすくする

Excel は、使う人によって、あるいは使う目的によって、画面の表示や機能の詳細を変えることができます。この章には、いろいろなシーンに合わせて、Excel をより使いやすくするワザを集めました。

毎章一語

石に立つ矢

意味：心を込めてやれば、できないことはないというたとえ。

注釈：中国漢の李広という勇将が、大石を虎と見誤って一心に矢を射たところ、立つはずのない大石に矢が刺さったという故事から。

出典：『史記』

類語：思う念力、岩をも通す。

7.1 シートを追加・削除する

Excel を起動したとき、シートは既定では3枚用意されていますが、必要に応じて、追加や削除ができます。なお、シートを削除すると元に戻すことができません。データが入力済みのシートだった場合でも復旧できないので、削除する前によく確認してください。

◆シートの追加

 フォルダー「第 7 章」のブック「7.1」を開いておきましょう。

①シートを挿入したい場所の1つ右のシート見出しを右クリックします。
②挿入 (I) を選択します。

挿入ダイアログボックスが表示されます。
③ワークシートをクリックします。
④ OK をクリックします。

シートが挿入されます。

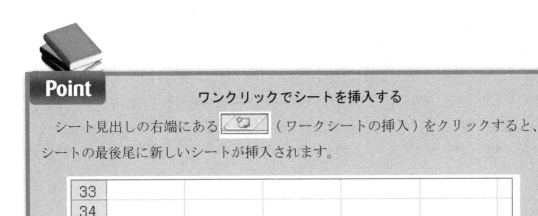
◆シートの削除

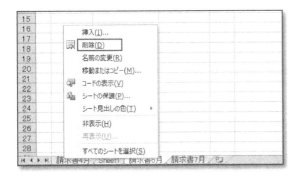

①削除したいシートのシート見出しを右クリックします。
②削除（D）を選択します。

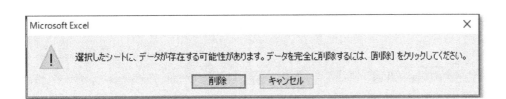

メッセージ画面が表示されます。
③ 削除 をクリックします。
※データが何もないシートの場合は、メッセージは表示されません。

シートが削除されます。

7.2 シートの見出しや色を変更する

　シート名は、既定では「Sheet1」「Sheet2」「Sheet3」…となっていますが、自由に変更できます。わかりやすい見出しにしておくとデータが探しやすくなります。また、シート見出しには色付けることもできます。内容により色で分類すると、目的のシートをすばやく見つけられます。

◆シートの見出しを変更する

 フォルダー「第7章」のブック「7.2」を開いておきましょう。

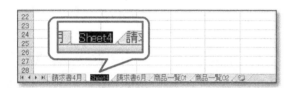

①シートの見出しをダブルクリックします。

②新しいシート見出しを「請求書5月」と入力します。

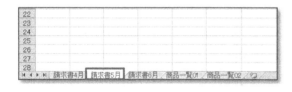

③Enter キーを押します。
シート見出しが変更されます。

シート見出しの使えない文字

参考 1
　　シート見出しには、少なくとも1文字が必要で、最大31文字まで入力できます。なお、シート見出しには使えない文字があります。
　　例えば「:」(コロン)や「/」(スラッシュ)、「*」(アスタリスク)、「¥」(円マーク)などです。これらの文字を入力すると、メッセージが表示されます。

シート見出しが重複する場合

参考 2

　ブック内で同じシート見出しを付けることができません。同じ見出しを付けようとすると、下のようなメッセージ画面が表示されます。この画面が表示されたら、 OK ボタンをクリックし、別のシート名に変更します。

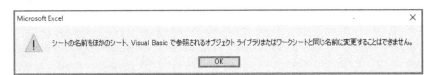

◆シート見出しに色を付ける

　ここでは、複数のシート見出しにまとめて色を付けます。

①色を付けたい最初のシート見出しをクリックします。

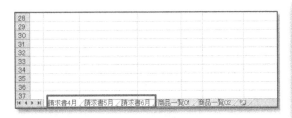

②色を付けたい最後のシート見出しを Shift キーを押しながらクリックします。
連続したシートが選択できました。

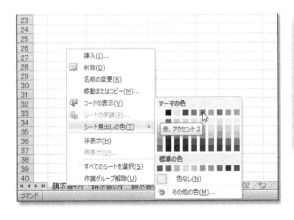

③選択したシート見出しのどれかを右クリックします。
④シート見出しの色 (T) を選択します。
⑤赤、アクセント 2 を選びます。

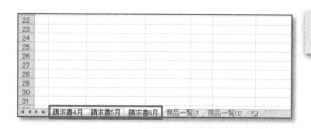

シート見出しに色が付きました。

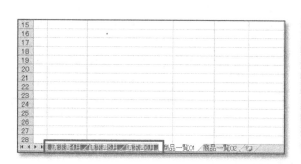

⑥選択されていないシート見出しを
クリックすると、複数選択を解除で
きます。
他のシートの表示中はシート見出し
全体に色が付いて表示されます。

複数シートの選択と解除

参考

　複数シートを選択するには、選びたいシートが連続しているなら、
最初のシートをクリック、最後のシートを Shift を押しながらクリック
します。シートが離れている場合は、最初のシートをクリックし、次
に選択するシートからは Ctrl を押しながらクリックします。なお、複
数のシートを選択すると、画面の一番上のタイトルバーに「作業ウィ
ンドウ」と表示されます。選択を解除するには、選択されていないシ
ート見出しをクリックします。ただし、すべてのシートが選択されて
いる場合は、シート見出しのどれかをクリックして解除します。

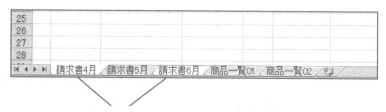

離れたシートを Ctrl キーを押しながらクリックします。

7.3 シートを移動・コピーする

シートの移動やコピーは、シート見出しをドラッグして行います。ドラッグすると、見出しと見出しの間に「▼」のマークが表示されます。このマークの位置にシートが移動します。コピーした場合は、シート名の重複を避けるためシートの後ろに番号が付きます。

◆シートを移動する

フォルダー「第 7 章」のブック「7.3」を開いておきましょう。

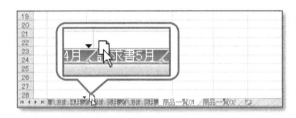
①シート見出しをクリックします。
②シート見出しを移動先へドラッグします。

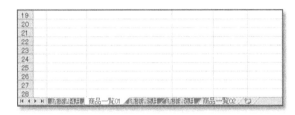
③シートが移動されます。

◆シートをコピーする

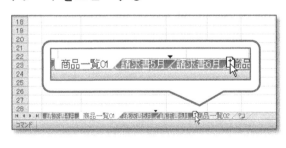
①シート見出しをクリックします。
②Ctrl キーを押しながら、シート見出しをコピー先へドラッグします。

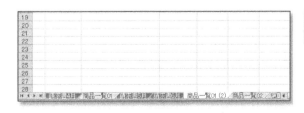
③シートがコピーされます。

複数シートを移動・コピーするには

参考 1

　複数のシートをまとめて移動・コピーしたい場合は、あらかじめ複数シートを選択しておきます。移動は選択したシート見出しをドラッグ、コピーの場合は、〔Ctrl〕キーを押しながらドラッグします。

シート数が多い場合にすべてのシート名を確認するには

参考 2

　シートの枚数が多くなると、画面下にすべてのシート見出しを表示しきれなくなり、シートの並び順などが分かりにくくなります。その時は、シートの見出しの一覧を表示します。一覧からシート見出しを選ぶと、そのシートを表示できます。

①シート見出しの左にあるボタンを右クリックします。
②シート見出しの一覧が表示されます。

7.4 シートを別のブックに移動・コピーする

　シートは別のブックにも移動やコピーができます。特定のブックに移動・コピーする場合は、事前に移動先／コピー先のブックを開いておく必要があります。

　「シートの移動またはコピー」画面の「移動先ブック名」には、現在開いているすべてのブックが表示されます。ブックを選ぶと、そのブックのシート見出しが「挿入先」に表示され、ここで選んだシートの左に新しいシートが挿入されます。

　また、新しくブックを作って、そこに移動・コピーすることもできます。移動先やコピー先でのシート位置も決められます。

◆シートを既存のブックにコピーする

　（「7.4請求書_控え」ブックの「商品一覧」シートを、「7.4見積書」ブックにコピーします。）

コピー元ブック「7.4請求書_控え」

| 請求書4月 | 請求書5月 | 請求書6月 | 商品一覧 |

コピー先ブック「7.4見積書」

| 商品一覧 | 見積書01 | 見積書02 | 見積書03 |

①あらかじめコピー先のブック「7.4見積書」を開いておきます。

フォルダー「第7章」のブック「7.4請求書＿控え」を開いておきましょう。

②コピーしたいシート見出しを右ク
リックします。

③ 移動またはコピー(M)... （移動またはコ
ピー）を選びます。

④移動先ブック名 (T) の▼ボタンを
クリックします。

⑤コピー先のブック 7.4見積書.xlsx
を選びます。

※ここでは、移動先ブック名 (T) を「（新しいブック）」と選ぶと、新しいブックが開き、そ
こにコピーまたは移動したシートだけが作成されます。

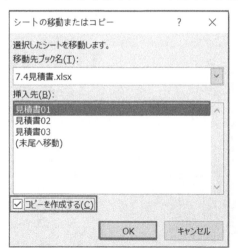

⑥コピー先のシート名をクリックし
ます。

⑦コピーを作成する (C) に ☑ （チェッ
ク）を入れます。

⑧ OK をクリックします。

※コピーを作成する(C)のチェックを外した状態で OK をクリックすると、元のブックからシー
トは削除され、移動します。

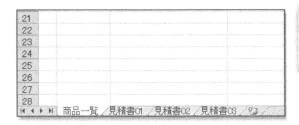

選んだシートの左にシートがコピーされます。

7.5 起動時のシートの枚数を変更する

　Excel を起動すると、既定ではシートが3枚用意されます。この枚数は「Excel のオプション」画面で変更できます。ここでは、常にシートが1枚だけ用意されるようにします。なお、変更したシートの枚数は、次回 Excel を起動したときから適用されます。

①Excel を起動します。
②ファイルタブをクリックします。
③ 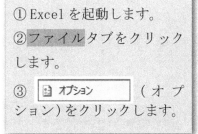 （オプション）をクリックします。

Excel のオプション画面が表示されます。
④左側の一覧から 基本設定 （基本設定）を選びます。

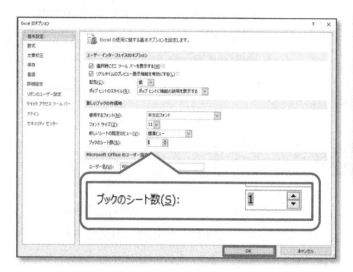

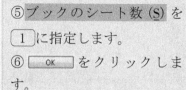

⑤ブックのシート数（S）を
□1□に指定します。
⑥ [OK] をクリックしま
す。
⑦ Excel を終了して、再起
動します。

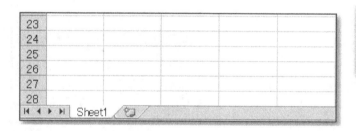

起動時のシートの枚数を 1
枚に変更されます。

7.6 画面を分割して見やすくする

　1つのシートの端と端を同時に見たいときには、そのシートが表示されている画面を2つ
に分割して、それぞれに端と端を表示します。分割ボタンをクリックすると、画面が上下
左右に 4 分割されます。必要に応じて、枠線をドラッグして左右や上下の2 分割に変更し
ます。

　　　フォルダー「第 7 章」のブック「7.6」を開いておきましょう。

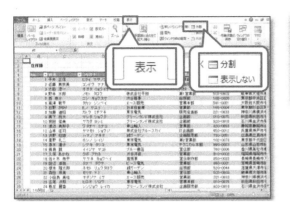

①<u>表示</u>タブをクリックします。

②ウィンドウグループの [＝＝ 分割] （分割）ボタンをクリックします。

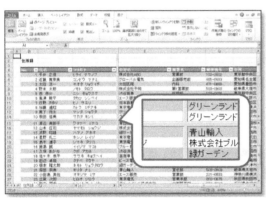

画面が上下左右に分割されます。

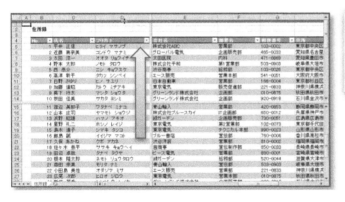

③上下を分割する線をシートの上端までドラッグします。

上下の分割線が消えて、左右に分割されます。

※左右に分割することで、画面に表示しきれない横長の表の、左端と右端を同時に見られるようになります。

④再度 ▭ 分割 （分割）ボタンをクリックすると、画面の分割が解除されます。

7.7 複数の画面を見やすく並べる

　複数のブックを同時に見ながら作業をするときには、整列機能を使うと、画面を左右、あるいは上下にきれいに並べることができます。手作業で画面のサイズや位置を整えるより、すばやく画面が整います。

◆開いているブックを並べて表示する

①フォルダー「第7章」のブック「7.7 請求書_控え」を開いておきましょう。

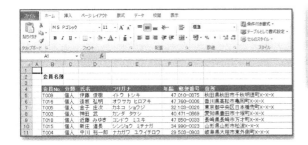

②フォルダー「第7章」のブック「7.7
会員名簿」を開いておきましょう。

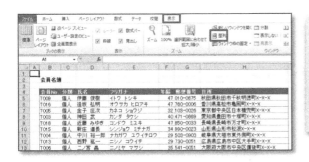

③表示タブを選択します。
④ウィンドウグループの 整列 （整
列）をクリックします。

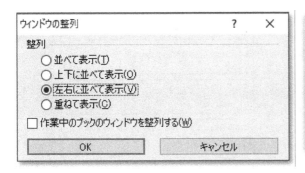

ウィンドウの整列ダイアログボック
スが表示されます。
⑤左右に並べて表示 (V) を◉にしま
す。
⑥ OK をクリックします。

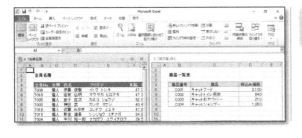

ブックが並べて表示されます。

Point

ウィンドウの整列

ウィンドウの整列方法には、次のものがあります。

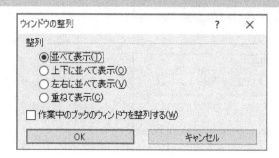

❶並べて表示

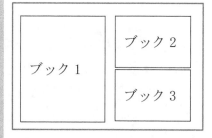

❷上下に並べて表示

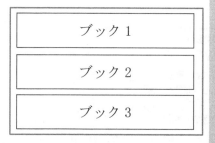

❸左右に並べて表示

❹重ねて表示

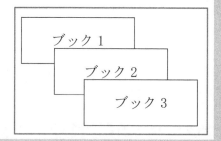

上下に並べて比較するには

「表示」タブの「ウィンドウ」グループにある「並べて比較」ボタンをクリックすると、画面が上下に並びます。この「並べて比較」を実行すると、「同時にスクロール」ボタンも有効になり、一方の画面をスクロールすると、もう一方も同じようにスクロールします。2つのデータを比較して違いを見つけたいときなどに便利です。

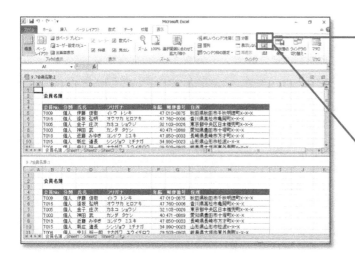

□ (並べて比較) ボタンで画面が上下に並べます。

□ (同時にスクロール) ボタンも有効になります。クリックして無効にすることもできます。

◆1つのブック内の2枚のシートを並べて表示します。

①フォルダー「第7章」のブック「7.7 請求書_控え」を開いておきましょう。

②表示タブを選択します。
③ウィンドウグループの [新しいウィンドウを開く] (新しいウィンドウを開く)をクリックします。

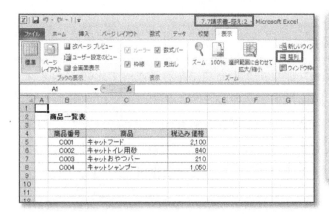

④同じブックを2つ開くと、ブック名に番号が付きます。「7.7請求書_控え2」というブック名が付けられます。

⑤ウィンドウグループの <kbd>整列</kbd>（整列）をクリックします。

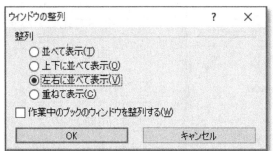

ウィンドウの整列ダイアログボックスが表示されます。

⑥左右に並べて表示 (V) を ⊙ にします。

⑦ <kbd>OK</kbd> をクリックします。

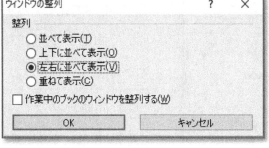

1つのブックが複数の画面に表示されます。

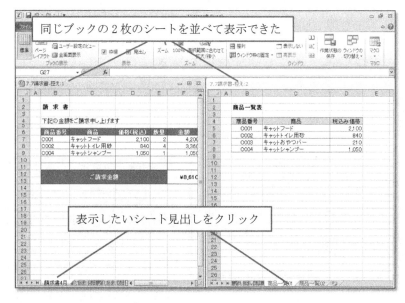

同じブックの2枚のシートを並べて表示できた

表示したいシート見出しをクリック

参考

複数開いたブックを確認するには

　　1つのブックのシートAとシートBを別々の画面に表示するために
は、そのブックを画面の数だけ、つまり2つ開く必要があります。「新
しいウィンドウを開く」ボタンは、1回クリックすると、作業中のブ
ックをもう1つ開きます。なお、同じブックが複数開いたことは、「ウ
ィンドウ」グループの「ウィンドウの切り替え」ボタンをクリックす
ることを確認できます。

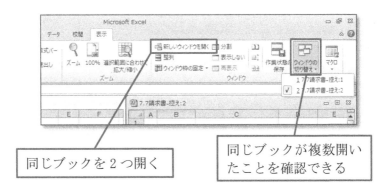

同じブックを2つ開く

同じブックが複数開い
たことを確認できる

7.8 ブック間で集計する

7.8.1 複数のブックを開く

　複数のブックを開くと、Microsoft Excel ウィンドウ内に複数のブックウィンドウが開か
れます。ブックウィンドウを切り替えながら、複数のブックを操作できます。

　複数のブックを一度に開くことができます。

　フォルダー「第7章」のブック「7.8丸の内本店」「7.8新宿支店」「7.8東京地区集計」
を一度に開きましょう。

①ファイルタブを選択します。
②[開く]をクリックします。

ファイルを開く ダイアログボックス
が表示されます。ブックが保存され
ている場所を選択します。
③左側の一覧から ドキュメント を選
択します。
④右側の一覧から「分かりやすいワー
ド＆エクセル 2010」を選択します。

⑤一覧から「第 7 章」を選択します。
⑥ 開く(O) ▼ をクリックします。
⑦一覧から「7.8 丸の内本店」を選択
します。
⑧ Shift を押しながら「7.8 新宿支店」
を選択します。

⑨ Shift を押しながら、一覧から「7.8
東京地区集計」を選択します。

⑩ 開く(O) ▼ をクリックします。

3 つのブックが開かれます。
⑪タスクバーの ![] をポイントしま
す、ブック名が一覧に表示されます。

複数ブックの選択

「ファイルを開く」ダイアログボックスで複数のブックを選択する方法は、次の
通りです。

連続するブックの選択

◆先頭のブックを選択➡ Shift を押しながら、最終のブックを選択

不連続するブックの選択

◆先頭のブックを選択➡ Ctrl を押しながら、最終のブックを選択

次の操作のため、開いている3つのブックを並べておきましょう。

7.8.2 異なるブックのセル参照

異なるブックのセルの値を参照できます。参照元のブックの値が変更されると、参照先のブックも再計算されます。

◆ブック間の集計

ブック「7.8 東京地区集計」のセル【B5】に、ブック「7.8 丸の内本店」のセル【B5】とブック「7.8 新宿支店」のセル【B5】を加算する数式を入力しましょう。

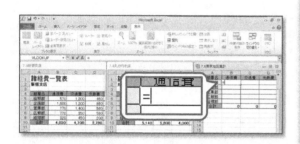

数式を入力するセルを選択します。

①ブック「7.8 東京地区集計」がアクティブウィンドウになっていることを確認します。

②セル【B5】をクリックします。

③「=」を入力します。

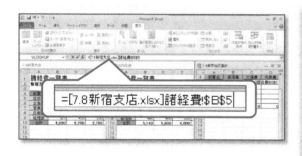

④ブック「7.8新宿支店」のブックウィンドウ内をクリックします。

⑤セル【B5】をクリックします。

⑥数式バーに =[7.8新宿支店.xlsx] 諸経費!$B$5 と表示されていることを確認します。

※「=」を入力した後に、ブックを切り替えてセルを選択すると、自動的に「『ブック名』シート名！セル位置」が入力されます。

⑦ [F4] を3回押します。

⑧数式バーに =[7.8新宿支店.xlsx] 諸経費!B5 と表示されていることを確認します。

※数式を入力した後にコピーするので、セルは相対参照にしておきます。

⑨「=[7.8新宿支店.xlsx]諸経費!B5」に続けて、「+」を入力します。

⑩ブック「7.8新宿支店」のブックウィンドウ内をクリックします。

⑪セル【B5】をクリックします。

⑫ [F4] を3回押します。

⑬数式バーに =[7.8新宿支店.xlsx] 諸経費!B5+[7.8丸の内本店.xlsx] 諸経費!B5 と表示されていることを確認します。

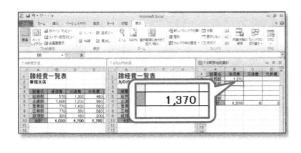

⑭ [Enter] を押します。

数式が入力され、計算結果が表示されます。

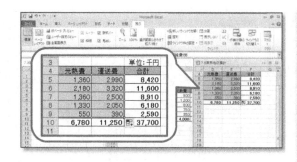

数式をコピーします。

⑮ブック「7.8 東京地区集計」のセル
【B5】を選択し、セル右下の■（フィ
ルハンドル）をダブルクリックしま
す。

⑯ブック「7.8 東京地区集計」のセル
範囲【B5:B9】を選択し、セル範囲右
下■（フィルハンドル）をセル【E9】
までドラッグします。

Point

セル参照

　数式では、「同じシート内」「同じブック内の別シート」「別ブック」のセルの
値をそれぞれ参照できます。

◆同じシート内のセルの値を参照する

```
＝セル位置
```

例：＝A1

　◆同じブック内の別シートのセルの値を参照する

```
＝シート名！セル位置
```

例：　　＝Sheet！A1

　　　　＝'4月度'！G2

◆別ブック

```
＝[ブック名]シート名！セル位置
```

例：＝[Book1.xlsx]Sheet1！$A$1

◆データの更新

参照元のブックの値を変更すると、参照先のブックに変更が反映されることを確認しましょう。

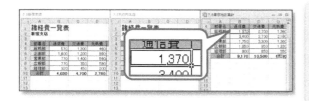

変更前のデータを確認します。
①ブック「7.8 東京地区集計」のセル【B5】が「1,370」になっていることを確認します。

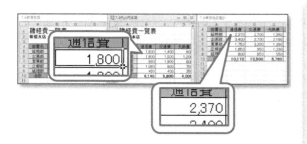

データを変更します。
②ブック「7.8 丸の内本店」のブックウィンドウ内をクリックします。
③セル【B5】に「1800」と入力します。
④ブック「7.8 東京地区集計」のセル【B5】が「2,370」に変更されることを確認します。

Point

データの更新

参照先のブックのデータが更新されるタイミングは、次の通りです。

◆参照先のブックが開かれているとき

参照元を更新すると、自動的に参照先に反映されます。

◆参照先のブックが開かれていないとき

参照先のブックを開くとき反映されます。

7.9 データを統合する

　「統合」を使うと、異なるブックや異なるシートに作成されている複数の表をもとに、合計や平均などの集計を行うことができます。統合する表の項目名は、その位置や種類が一致していなくてもかまいません。

　多くの表を集計する場合や項目名が異なる表を集計する場合に便利です。

　ブック「7.8丸の内本店」「7.8新宿支店」「7.9神戸支店」「7.9仙台支店」の4つの表を統合して、統合結果をブック「7.9全社集計」に表示しましょう。

> フォルダー「第7章」のブック「7.8丸の内本店」「7.8新宿支店」「7.9神戸支店」「7.9仙台支店」「7.9全社集計」を開き、並べて表示しておきましょう。

　※ブックを並べて表示するには、「表示」タブ➡「ウィンドウ」グループの「整列」➡「並べて表示」を選択します。

　※各ブックに作成されている表の項目名の種類や位置が異なることを確認しておきましょう。

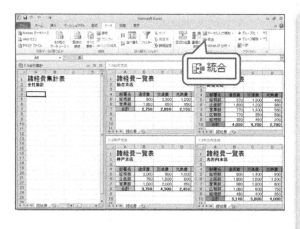

統合結果を表示する開始位置のセルを選択しておきます。

①ブック「7.9全社集計」のブックウィンドウ内をクリックします。

②セル【A4】をクリックします。

③データタブを選択します。

④データツールグループの　[📇 統合] （統合）をクリックします。

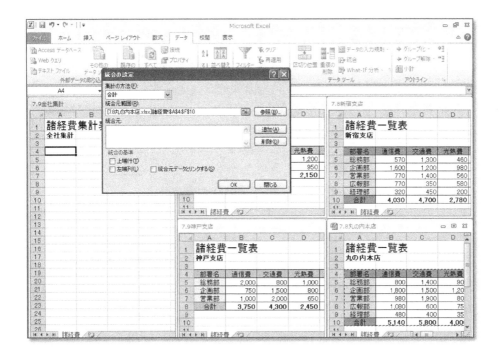

統合の設定ダイアログボックスが表示されます。

⑤集計の方法 (F) が合計になっていることを確認します。

⑥統合元範囲 (R) にカーソルがあることを確認します。

⑦ブック「7.8 丸の内本店」のブックウィンドウ内をクリックします。

⑧セル範囲【A4:F10】を選択します。

総合元範囲 (R) が[7.8 丸の内本店 .xlsx] 諸経費 !$A$4:$F$10 になります。

⑨追加 (A) をクリックします。

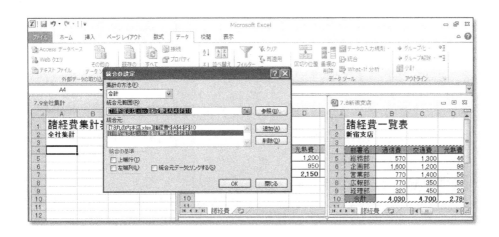

⑩ブック「7.8 新宿支店」のブックウィンドウ内をクリックします。

⑪セル範囲【A4:F10】を選択します。総合元範囲（R）が[[7.8新宿支店 .xlsx] 諸経費 !$A$4:$F$10]になります。

⑫追加（A）をクリックします。

⑬ブック「7.9 仙台支店」のブックウィンドウ内をクリックします。

⑭セル範囲【A4:G7】を選択します。総合元範囲（R）が[[7.9仙台支店 .xlsx] 諸経費 !$A$4:$G$7]になります。

⑮追加（A）をクリックします。

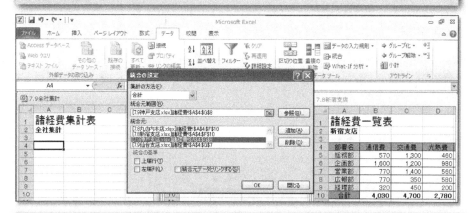

⑯ブック「7.9 神戸支店」のブックウィンドウ内をクリックします。

⑰セル範囲【A4:G8】を選択します。総合元範囲（R）が[[7.9神戸支店 .xlsx] 諸経費 !$A$4:$G$8]になります。

⑱追加（A）をクリックします。

⑲統合の基準の 上端行 (T) と 左端列 (L) をそれぞれ☑にします。

※もとになる表の項目名の種類と位置が一致している場合は□、一致していない場合は☑にします。

⑳ OK をクリックします。

ブック「7.9 全社集計」に統合結果が表示されます。

すべて閉じる

参考

クイックアクセスツールバーに 📄（すべて閉じる）を登録してお
くと、複数のブックをまとめて閉じることができます。

クイックアクセスツールバーに 📄（すべて閉じる）を登録する方法
は、次の通りです。

◆クイックアクセスツールバーの ▼（クイックアクセスツールバーの
ユーザー設定）➡「その他のコマンド」➡「コマンドの選択」 ☑ ➡一
覧から「リボンにないコマンド」を選択➡一覧から「すべて閉じる」
を選択➡「追加」

7.10 練習問題

完成図のような表を作成しましょう。

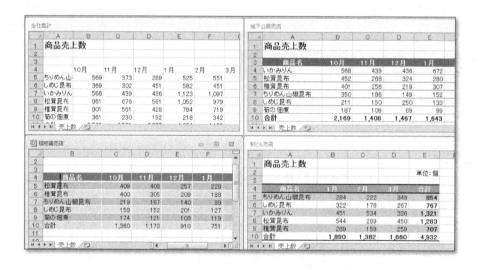

1. フォルダー「第7章」のフォルダー「第7章 練習問題」にあるブック「駅ビル売店」「城
下公園売店」「植物園売店」「全社集計」を一度に開きましょう。

2. 開いた4つのブックを並べて表示しましょう。

3. ブック「駅ビル売店」「城下公園売店」「植物園売店」の3つの表を統合して、統合結
果をブック「全社集計」に表示しましょう。ブック「全社集計」のセル【A4】を開始位置
として統合します。